水生态文明建设与评价体系研究

严淑华◎著

中国纺织出版社有限公司

内 容 提 要

本书是一本科学认识水生态文明概念与内涵，有序推进水生态文明建设实践、促进人水和谐、建设美丽中国的专著。本书首先在明晰了水生态文明和水生态文明建设概念与内涵的基础上，系统分析了我国水生态文明建设的现状和问题，总结了水生态文明建设的经验；然后重点阐述了我国水生态文明建设的主要内容和关键技术，并进一步提出了水生态文明建设的路径和主要对策；最后针对我国水环境特点，建立了水生态文明建设的评价体系。本书有助于丰富现有的系统治理理论，为破解水资源约束提供思路，可供从事水生态文明建设和水生态保护治理等方面研究的专家、学者借鉴，也可供相关领域的工作人员阅读。

图书在版编目（CIP）数据

水生态文明建设与评价体系研究 / 严淑华著 . -- 北京：中国纺织出版社有限公司，2022.11
ISBN 978-7-5180-9918-4

Ⅰ. ①水… Ⅱ. ①严… Ⅲ. ①水环境－生态环境建设－研究－中国 Ⅳ. ① X143

中国版本图书馆 CIP 数据核字（2022）第 184470 号

责任编辑：王 慧　　责任校对：高 涵　　责任印制：储志伟

中国纺织出版社有限公司出版发行
地址：北京市朝阳区百子湾东里 A407 号楼　邮政编码：100124
销售电话：010—67004422　传真：010—87155801
http://www.c-textilep.com
官方微博 http://weibo.com/2119887771
天津千鹤文化传播有限公司印刷　各地新华书店经销
2022 年 11 月第 1 版第 1 次印刷
开本：787×1092　1/16　印张：12
字数：170 千字　定价：89.90 元

凡购本书，如有缺页、倒页、脱页，由本社图书营销中心调换

前　言

　　中国是水生态文明建设的积极倡导者和实践者。自水生态文明的概念提出以来，各个领域的专家学者在水生态文明建设方面进行了深入研究和广泛探讨，取得了可喜的成果，水生态文明的理念与理论体系逐渐确立和形成。同时，针对一些地方部门忽视资源环境承载能力造成的问题，国家有关部门从国情实际出发，结合职能定位相继开展了各类推进水生态文明建设的实践活动，各行业在创建实践工作中也产生了很多创新思路和经验做法，这都为水生态文明建设提供了丰富的实践基础。

　　然而，我国的水生态文明建设水平仍滞后于经济社会发展，资源约束趋紧，环境污染严重，生态系统退化，社会经济发展与人口资源环境之间的矛盾日益突出，这些问题已成为制约经济社会可持续发展的瓶颈。放眼全球，世界各国普遍受到气候变化、生物多样性锐减、土地荒漠化扩展、湿地不断退化、水土严重流失等全球性生态环境问题的困扰。因此，我国应进一步加快水生态文明建设与评价体系研究，坚持推进绿色发展，在一些重大战略实施中与世界各国通力合作，这是解决我国资源环境困局和全球生态危机的希望所在。

　　鉴于此，笔者撰写了《水生态文明建设与评价体系研究》一书。本书共分为6章。第1章对水生态文明建设进行了简单的介绍，包括水生态文明的提出及其内涵、水生态文明建设的定义与内涵、水生态文明建设的目标与任务；第2章首先对我国水生态文明的现状进行了总结，其次对我国水生态文明建设的问题进行了剖析，最后对国内外水生态文明建设的成功经验进行了借鉴；第3章为水生态文明建设的内容，包括防洪减灾体系、供水保障体系、水环境修复体系、水生态保护体系、水文化建设体系以及水管理建设体系；第4章对水生态文明建设的关键技术进行了探索，主要涉及源区保护关键技术、廊道治理关键技术、城区水网关键技术以及各项关键技术的实用性分析；第5章和第6章主要分析了水生态文明建设的路径与对策，并对水生态文明建设的评价体系进行了构建。

水生态文明建设与评价体系研究是一个极其复杂的系统工程，涉及的理论内涵和实践领域非常广泛，目前还处在起步和探索阶段。由于时间和笔者水平的限制，书中难免存在错误和纰漏，恳请各位读者对本书的不足之处给予批评指正。

严淑华

2022年6月

目 录

第1章 水生态文明建设概述

水生态文明是生态文明的重要内容和基础保障，即人类在处理与水的关系时应达到的文明程度。水生态文明建设的核心是人与自然和谐相处，重中之重是水资源的节约，关键所在是水生态保护，重要目标是与经济建设、社会发展相协调。

1.1 水生态文明的提出及其内涵

1.1.1 水生态文明的提出

20世纪70年代后，随着城市发展进程加快，一些环境问题应运而生，迫使很多国家开始探讨并展开关于水的生态管理和建设。1990年，在一次国际会议上，各国学者探讨了关于宜居城市建设的理论和实践。1992年，为促进生态环境的改善，联合国将"可持续发展"作为水环境保护政策，提出将环境保护贯穿至整个城市发展进程。1996年，国际上首次提出了资源的可持续利用。一年后，在国际学术研讨会上，学者们各抒己见，发表了对生态城市建设的理解和研究成果。此后，城市发展逐步趋于注重自然和生态环境的良性循环。

对水生态领域的认知和探究，我国起步相对较晚。从吴良镛引入"生态"这一概念之后，国内学者才开始逐步对生态领域展开探索。后来，马世骏等学者提出了一个新理念，即建设生态城市必须对社会、自然、经济多个体系进行综合考虑。此时，我国学者认识到城市建设现代化和生态化的必要性，开始着手对其进行研究。1994年，我国提出可持续发展是一切经济和社会活动的准绳，是影响未来发展的重要战略。随着各国学者对生态研究的不断深入，面对现实存在的环境问题，我国提出了要走文明发展道路。随着提出要建设生态文明，我国相关学者开始着力于此方面的探索，相关研究成果百花齐放，理论和技术研究突飞猛进。为贯彻中共中央精神，近年来，国内一些城市提出了要建设生态城市，但是都没有从更高层面认识这一先进理念，实践的重点仅仅是放在一些大气环境治理、城市绿化工作上，未能很好地将水生态纳入城市建设中。直到2013年，水利部提出水生态文明城市试点建设，才逐步积累了一定经验。目前，我国对于水生态文明建设的研究仍然处于探索阶段，大多数是对理论、概念和措施方面的探讨，对深层次的理论、思路等方面的研究还不足，具有可操作性的水生态文明建设模式几乎没有。

1.1.2 水生态文明的内涵

众多学者研究了水生态文明的内涵。

郝少英认为，水生态文明是倡导人与自然和谐相处的文明，应当坚持可持续发展的科学发展观，着力解决人口增加和经济社会高速发展引发的水问题，其中节约水资源是重中之重。郝少英提出水生态文明建设的关键在于水生态保护，水生态文明建设与经济建设、社会发展一起是实现可持续发展的重要保障。

郭晓勇认为，水生态文明是在充分尊重水的自然属性、经济属性、社会属性的基础上，通过进行水资源的开发、利用、治理、配置、节约和保护，并在这些活动中实现人与水、人与人、人与社会的和谐，使有限的水资源能够更好地支撑经济、社会的可持续发展所逐步积累起来的一系列物质财富和精神财富。

黄茁将促进经济、社会和水生态三者和谐统一的水生态文明概括为：水生态系统自身是否健康，自身结构是否合理，功能能否得到正常发挥，能否保持足够的活力和恢复力，能否维系大自然固有的生态平衡；水生态系统对人类来说是否健康，能否满足人类用水的基本需求，能否维持社会稳定和可持续发展；水生态系统能否在保持健康的前提下，创造出满足人类需要的生态效益和经济效益。

这些学者虽然从产生条件、构成要素和实践过程等角度分析了生态文明的内涵，但是未全面考虑水生态文明的根本特征（系统性与针对性），因此对水生态文明内涵的解析并不全面。

笔者认为，水生态文明具有系统性和针对性，应从自然环境、水利活动、社会经济文化三个层面及其之间的联系理解水生态文明的内涵。自然环境是水生态文明产生和发展的基础条件，具体包括地形地貌、气候、水系水资源、生态系统等。环境的变迁直接影响人类文明的生存和发展，自然环境的状态是评价区域水生态文明可持续性的表征性指标。水利活动是水生态文明建设的核心环节，是连接自然环境变迁和社会经济发展的纽带。自然区分地貌，社会区分城市、农村，行政上分层级更系统，通过人为调节水资源的时空分布，除水害、兴水利，促进社会经济文化的发展，同时直接或间接地影响自然地理环境变迁。社会经济文化可持续发展是水生态文明建设的最终目标，社会经济文化的发展对水利工作提出更多需求和更高标准。水生态文明的基本内涵如图1-1所示。

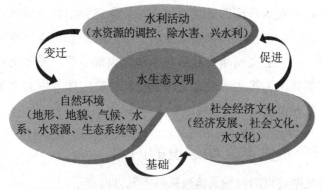

图1-1　水生态文明的基本内涵

1.2 水生态文明建设的定义与内涵

1.2.1 水生态文明建设的定义

要想准确理解水生态文明建设的含义，我们首先要把握水生态文化的内涵。水生态文化是人类社会改造利用水生态系统和经济社会发展过程中所形成的一切与水生态有关的精神和物质成果的总称，具体可分为三个层级：一是表层水生态文化，指人类社会改造利用水生态系统和经济社会发展过程中所形成的涉水工程、水商品及市场与水生态有关的艺术及景观等；二是中层水生态文化，指人类社会改造利用水生态系统和经济社会发展过程中所遵循的规则和建立的制度、机制等；三是深层水生态文化，指人类对水生态系统中各要素的性质、功能、演化规律以及与水的关系等属性规律的认识。

在深入把握水生态文化三个层级的基础上，对水生态文明建设作出如下定义：水生态文明建设是指为了实现水生态文明所采取的一切建设活动，是一个动态塑造过程，最终使水生态系统不断处于健康、和谐、可持续发展的文明状态。水生态文明建设是科学配置、节约利用和有效保护水资源以实现水资源的永续利用，有效保护和综合治理水环境以提升水环境质量，有效保护和系统修复水生态以增强水生态服务功能的一项系统工程。水生态文明建设是生态文明建设最重要、最基础的内容。当前，迫切需要大力推进水生态文明建设，并将之作为生态文明建设的先行领域、重点领域和基础领域。

1.2.2 水生态文明建设的内涵

水生态文明建设的内涵具体包括以下五点内容。

1.2.2.1 核心是"和谐"

水生态文明理念提倡的文明是人与自然和谐相处的文明，要求坚持以人为本、全面协调可持续发展的科学发展观，解决由于人口增加和经济社会高速发展出现的洪涝灾害、干旱缺水、水土流失和水污染等水问题，使人和水的关系达到一个和谐的状态，使宝贵有限的水资源为经济社会可持续发展提供永远的支撑。由此可见，仅仅把水生态文明理解为"保护水生态"是不全面的，我们倡导的水生态文明的核心是"和谐"，包括人与自然、人与人、人与社会等方方面面的和谐。

1.2.2.2 根本是水资源管理

水资源管理是水生态文明建设的主要手段，管理在人们的日常生活以及工作中发挥着重要的作用，做好管理工作，能够更好地约束人们的行为，规范工作的流程和秩序，从而尽量避免一些不必要问题的发生，进一步提高工作质量，有利于取得人们满意的结果。在水生态文明的建设过程中，同样也需要重视水资源管理的工作，因为这是推动其文明建设的根本，只有加强管理，采取必然的措施，才能更为合理的实现水资源的配置。

1.2.2.3 重点是水资源节约

当前我国水资源面临的形势十分严峻，水资源短缺问题日益突出，已成为制约经济社会可持续发展的主要瓶颈。水资源节约是解决水资源短缺的重要之举，是构建人水和谐的生态文明的重要措施。党的十九大报告提出，"必须树立和践行绿水青山的理念，坚持节约资源和保护环境的基本国策"。从这一角度理解，推进水生态文明的重点工作是厉行水资源节约，构建节水型社会，这是建设水生态文明的重中之重。

1.2.2.4 水生态保护是关键

在水生态文明建设的过程中，加强水生态的保护是重点，因为它的建设依靠的是一系列的活动，而这些活动几乎都与保护水资源有关。所以，只有加大水生态保护的力度，才能不断地完善水资源生态系统。加强水资源的保护与利用，还能使生态破坏严重的地区得以修复，更好地促进人与自然的和谐发展。由此可见，水生态的保护是水生态文明建设的关键。

1.2.2.5　水生态文明理念是基础保障

水生态文明的理念是水生态文明建设的基础保障，理念能够给予人以指导，能够以其为依据开展一系列的活动，可以说，它就是中心的思想，取得的结果也必然与之有关。在水生态的文明建设过程中，只有遵循水生态的文明理念，具备生态优先、统筹兼顾的发展理念，才能加强水生态文明的建设，促进水生态环境的和谐发展。

1.3　水生态文明建设的目标与任务

1.3.1　水生态文明建设的目标

1.3.1.1　总体目标

水生态文明建设的总体目标为：通过水生态文明试点建设，进一步落实最严格的水资源管理制度，优化水资源配置，着力加强水资源保护，改善水功能区水质，实现水生态系统的良性循环，深化水管理体制改革，推进水景观建设，深挖水文化内涵，全面提升城市文明水平，基本具备水生态文明城市特征，促进城市经济活力，实现"供排有序、山川清秀"的总体目标，建设成环境优美、人水和谐、宜居幸福的绿色生态型城市。

1.3.1.2　试点期目标

试点期是水生态文明建设的重要阶段，这一阶段的目标为：水利薄弱环节建设实现新突破，完成生态文明示范区建设；进一步健全水法规体系，确立"三条红线"和"四项制度"，继续深化水务一体化改革，进一步完善市场经济调节机制，不断提高公众参与程度；保证城乡饮用水水质全面达标，供用水总量保持在合理水平，水资源配置体系进一步优化，地下水开采量控制在允许范围，各行业用水效率进一步提高；点、面源污染排放得到控制，区域水生态保护格局得到确立，水功能区水质达标率明显提高，重点区域生物多样性得到改善，水土流失状况得到治理；水调控水平、水管理能力、水环境及水生态质量显著提升，初步实现水生态文明。

1.3.2　水生态文明建设的任务

水生态文明建设是将生态文明的理念融入水资源开发、利用、治理、配置、节约、保护的各个方面和各个环节，坚持节约与保护优先、以自然恢复为主的方针，以落实最严格的水资源管理制度为核心，通过优化水资源配置、加强水资源节约保护、实施水生态综合治理、加强制度建设等措施，实现水资源的高效持续利用，促进人、水、社会的和谐发展和可持续发展。

水生态文明建设的基本目标是要实现山青、水净、河畅、湖美、岸绿的水生态修复和保护。2013年水利部出台了一系列关于水生态文明建设的意见要求及纲要，提出水生态文明建设的重要意义、目标原则及主要工作内容，强调了水生态文明建设试点工作的总体要求及组织实施方案，坚持以"人水和谐、科学发展、保护为主、防治结合、统筹兼顾、合理安排、因地制宜、以点带面"为基本原则，为进一步加快开展全国水生态文明建设试点工作提供了基础支撑。

具体而言，国家层面水生态文明建设的主要任务应涵盖以下几个方面。

1.3.2.1　落实最严格的水资源管理制度

把落实最严格的水资源管理制度作为水生态文明建设的核心，加快健全覆盖流域和省、市、县三级行政区域的用水总量控制、用水效率控制、水功能区限制纳污控制"三条红线"，严格用水总量控制，加快确立水资源开发、利用、配置与保护策略，强化用水需求和用水过程管理；严格控制用水总量，加强建设项目水资源论证及取水许可审批管理，切实做到以水定需、量水而行、因水制宜；严格用水效率控制，强化用水定额和用水计划管理，严格限制水资源短缺地区、生态脆弱地区发展高耗水行业；加强水功能区限制纳污管理，强化水功能区监督管理；加强饮用水水源地保护，推进水生态系统保护与修复。

1.3.2.2　优化水资源配置

加快推进"四横三纵、南北调配、东西互济、区域互补"的国家水资源配置格局；重点推进规划确定的河湖水系连通骨干工程建设，加强区域河湖水系连通，构建布局合理、生态良好、引排得当、循环通畅、蓄泄兼筹、丰枯调剂、多源互补、调控自如的江河湖库水系连通体系；加快实施重点水源工程建设，积极开展调水引流、生态修复、排污口整治、河湖清淤等水资源保护工程建设。

1.3.2.3　强化节约用水管理

将节约用水贯穿于经济社会发展和群众生产、生活的全过程，全面优化用水结构，转变用水方式，降低水资源消耗；完善和落实高效节水灌溉技术措施，加强工业节水技术改造，合理确定工业节水目标，大力推广城乡生活节水器具，发展非常规水资源开发利用，支持低碳产业和低能耗、低水耗行业发展。

1.3.2.4　严格水资源保护

严格控制入河湖排污总量，加强水功能区和入河湖排污口监督管理，从严核定水域纳污容量，实施水功能区分级分类监督管理，建立水功能区水质达标评价体系，全面落实全国重要江河湖泊水功能区划❶；严格饮用水水源地保护，进一步强化水源地应急管理；严格地下水开发利用总量和水位双控管理，加强地下水水量、水质监测，实施超采区综合治理，防治地下水污染。

1.3.2.5　推进水生态系统保护与修复

充分考虑基本生态用水需求，维持河流合理流量和湖泊、水库及地下水的合理水位，维护河湖健康生态；从源头防治水污染与水质恶

---

❶ 昝玉梅，任润泽．关于水生态文明建设的认识和思考 [J]．工程技术与管理（新加坡），
2019（10）：241-243．

化，注重源头防控—中端控制—终端治理措施并重，努力实现工业废水、污水和城乡生活污水的全面处理；加大生态保护力度，综合运用调水引流、截污治污、河湖清淤、生物控制等措施，采取全方位、立体化方式，加强对重要生态保护区、水源涵养区、江河源头区和湿地保护区的保护和修复，打造绿色长廊，涵养水源；推进水土综合治理与生态修复，统筹规划建设沿江（沿河）绿化带、小流域生态保护区、生态旅游区，构建绿色生态人文环境。

1.3.2.6 加强水利工程建设中的生态保护

强化水利工程建设与生态系统保护和谐发展的目标，改变以往单纯强调水利工程建设带来的经济效益而忽视工程建设对生态系统影响的观念，科学编制水利工程建设规划；在水利工程建设过程中突出对生态环境的保护，加强生态技术护岸、护坡等措施以及实施严格的河湖治理与管理制度，构建水利工程建设与生态系统保护和谐发展的新局面。

1.3.2.7 提高水资源保障和支撑能力

水资源安全保障是水生态文明建设的根本目标。在功能上，要强化防洪保安及供水安全保障能力。在工作上，实施水务一体化管理，加强政府引导作用，引入市场推动机制，同时强调科技创新支撑及法治政策保障；将资源消耗环境损害、生态效益纳入经济社会发展评价体系，建立体现生态文明要求的目标评价体系，形成适应水生态文明理念要求的制度体系，保障水生态文明建设的顺利实施与推进。

1.3.2.8 广泛开展水生态文明宣传教育

水生态文明是水环境和水生态不断改善的体现，需要社会各界和广大民众共同参与才能取得实效，需要全面加强社会伦理、道德与文化建设，使人民群众自觉参与水生态文明建设实践。为此，要营造和创新水文化氛围，传播与弘扬水文化，广泛引导全社会参与建设生态文明社会和水生态文明城市。通过水生态文明宣传教育，应使全社会增强节约意识、环保意识、生态意识，营造爱护生态环境的良好社会风气，让水生态文明理念深入人心。

第 2 章　水生态文明建设的现状与经验

　　水生态文明建设是促进生态文明建设的重要基础和支撑。分析水生态文明建设的现状和经验，有利于我国水生态文明建设向更深层次、更高水平推进，促进人水和谐。

2.1　水生态文明建设的现状总结

　　本节将从建设程度较高的地区、建设程度一般的地区以及建设程度相对滞后的地区三个方面总结我国水生态文明建设的现状。

2.1.1　建设程度较高的地区

　　长江流域的水生态文明建设属于建设程度较高的地区，其建设现状如下。

2.1.1.1　加强水利基础设施建设，提升水安全保障能力

　　长江流域针对水质性和资源性缺水，注重河湖水系连通，加大了雨洪水等非常规水源开发利用程度，构建了多水源配置网络；推进了城乡供水安全保障工程和应急备用水源工程的建设，优化了水资源配置；严格饮用水水源地水质保护和达标建设。如今，长江流域城市集中式饮用

水水源地安全保障达标率均为100%，略优于全国试点后平均水平，切实保障了源水水质达标。

2.1.1.2　完善城市防洪排涝体系

长江流域一方面推进了防洪排涝工程建设，骨干河道及主要支流的防洪标准得到了提高；另一方面加强了城市排水管网系统改造，构建了完善的城市排涝体系，切实保障了城乡人民群众的生命财产安全。

2.1.1.3　实施水污染治理，提高水环境质量

（1）提高水功能区水质达标率

按照系统治理的思路，发挥部门合力，形成了从源头到末端全链条、从点源到面源全覆盖的水污染防治体系。

（2）整治城市黑臭水体

采取"控源截污、内源治理、活水循环、水质净化、生态修复"等多种措施，强力治理城区黑臭水体。通过以上措施，长江流域平均生活污水达标率由96.0%上升到99.4%，略优于全国的99%；但是，平均工业废污水排放达标率由78.4%上升到92.2%，低于全国试点后的93.5%，仍有待提高。

2.1.1.4　推进系统治理，保护修复水生态系统

（1）湿地面积增加

长江流域通过各项有效措施新增、恢复大量水域或湿地，但较之珠江流域、黄河流域及淮河流域，提升不是十分显著。

（2）水土流失治理程度显著提高

长江流域水土流失治理程度较过去均有不同程度的提高，平均治理率由44.1%提高至61.7%。

2.1.1.5　严格水资源管理制度，助推经济发展理念和方式转变

（1）用水总量明显下降

长江流域通过全面落实最严格水资源管理制度，用水总量较过去有

明显下降，但由于经济发展等因素，平均降幅仅为2.51%，低于全国平均水平3.94%，仍有待进一步提高水资源利用效率。

（2）万元工业增加值用水量降幅显著

长江流域万元工业增加值用水量各试点平均值平均降幅36.12%，略高于全国平均降幅34.78%。

（3）农田灌溉水有效利用系数明显提高

长江流域农田灌溉水有效利用系数平均值为0.536，低于0.582的全国平均水平，平均增幅10.43%亦略低于10.78%的全国平均增幅，仍有待进一步提高。

2.1.1.6 助力宜居城市建设，提高水生态文明意识

（1）水生态文明建设长效机制初步构建

长江流域对政府领导下的多部门协作机制、水利管理体制、投融资机制等方面做了大量探索，初步构建了水生态文明建设长效机制。此外，长江流域各节点城市将水资源管理纳入了党政实绩考核体系，水资源管理所占分值较试点前有显著提高，水资源管理力度得到了切实加强。

（2）国家级水利风景区数量增多

长江流域共有13个景区被评为国家级水利风景区，充分发挥了水利风景区在维护工程安全、涵养水源、保护生态、改善人居环境、拉动区域经济发展等方面的功能和作用。

（3）水生态文明意识得到明显提高

长江流域各节点城市累计发布各类新闻信息5 542余条，出版相关刊物书籍54 000多本，建设水文化宣传教育载体16处，人民群众参与水生态保护的积极性明显提高，水生态文明建设的公共认知度明显提高。

2.1.2 建设程度一般的地区

这里以山东省潍坊市为例，总结建设程度一般地区的水生态文明建设现状。

2.1.2.1　水资源优化配置现状

潍坊市从20世纪80年代就开始建设单个的跨流域调水工程，后来在总结以往调水工程建设经验的基础上，于1998年在全市乃至全国率先提出了"多库串联，库河串联，水系联网，优化调度配置水资源"的水网建设思路。在这一思路的指导下，潍坊市掀起了水网建设新高潮，相继建设了引黄入峡（一期）、潍北平原水库调水工程、白浪河水系联网、四河串联等工程。到目前为止，潍坊市完成了多项水系连通工程，连通了潍河流域、白浪河流域和弥河流域三大流域，基本涵盖了潍坊市域全部范围，实现了跨流域水资源的合理调度和优化配置，提高了当地的水资源利用效率，有效改善了生态环境，获得了较好的综合效益。

2.1.2.2　水生态环境现状

潍坊市委、市政府一直高度重视水生态环境保护工作，持续开展水系生态综合治理、水土保持、污染综合防治、水源地保护、污水处理厂提升改造、地下水漏斗区综合治理、水系林网绿化、生态湿地等建设工作，使全市的水生态环境状况得到了较大的改善。

潍坊市市控及以上重点河流断面主要污染物化学需氧量（COD）、氨氮平均浓度得到了很大的改善，实现了由达到恢复鱼类生长要求到达到功能区控制目标要求的跃升；10个省控以上河流断面全部达到功能区控制目标，白浪河和虞河2个断面水质由地表水Ⅴ类目标提升至Ⅲ类水。但是，潍坊市仍存在大面积的地下水漏斗区和海咸水入侵区，部分河道或河段水质仍较差，尤其是下游河段河流污染仍较严重，水生态系统的健康状况仍需继续改善。

2.1.2.3　水景观文化现状

近年来，潍坊市将水利工程建设和景观文化进行了有机融合，在充分挖掘地方历史文化底蕴的基础上，大力开展水利风景区、湿地公园和滨水景观建设，取得了显著成绩。潍坊市已建湿地公园26处，其中国家级湿地公园10处（包括2处试点），省级湿地公园13处，市级湿地公园3处，湿地公园总面积5.39万公顷。

按照国家旅游局制定的《旅游资源分类、调查与评价》对潍坊市水景观文化资源进行系统分析，全市共有8个主类、28个亚类、73个基本类型。其中，地文景观有青州市的仰天山、云门山、驼山、逢山等，诸城市的马耳山、九仙山、卢山、常山等，昌乐县的寿阳山、马驹岭一线天，临朐县的沂蒙山、嵩山、山旺国家地质公园、海浮山等；水文景观包括潍河、弥河、白浪河、南北胶莱河等河流，山东第一大水库——峡山水库等，还有其他的湖泊和湿地；生物景观也非常丰富，全市共有陆生野生动物1 960多种，种子植物1 049种；全市著名的人文景观有潍坊世界风筝博物馆、金泉寺、杨家埠民间艺术大观园、诸城恐龙博物馆、寿光生态农业观光园、安丘景芝酒之城等。尽管潍坊市水景观文化资源丰富且进行了较大程度的挖掘，但仍有继续提升空间，尤其在水利风景资源整合、整体品牌形象塑造、水文化展示弘扬等方面仍需要进一步加强。

2.1.2.4　防洪（潮）减灾工程现状

近年来，潍坊市开展了大规模的河道综合整治活动，尤其对穿城、靠城、绕城河道进行了高标准综合整治，获得了防洪排涝和生态景观的综合效益。另外，潍坊市还加强了防潮堤建设，完成了全部大中型和部分小型水库的除险加固工作。

尽管潍坊市在防洪（潮）减灾方面做了大量工作，但目前仍存在部分河道、海岸防洪（潮）不达标现象。全市存在数量众多的小（一）型水库、小（二）型水库和塘坝未加固，这些工程建设标准低、年久失修、管理薄弱，存在一定的安全隐患。

2.1.2.5　水利管理现状

（1）最严格的水资源管理制度落实情况

山东省2010年以省政府227号令颁布实施了《山东省用水总量控制管理办法》，逐级制定并分解下达了用水总量、用水效率、水功能区限制纳污"三条红线"控制指标，标志着最严格的水资源管理制度在山东省开始实施。

为全面贯彻落实国家级和省级最严格的水资源管理各项制度，潍坊市将用水总量控制、用水效率控制、水功能区限制纳污总量控制三项指标作为所有县市区水资源管理方面的控制性指标，并组织编制了《潍坊市主要河道水域纳污能力核定成果报告》和《潍坊市水功能区限制纳污警戒线划定报告》，作为实行最严格的水资源管理制度的科学依据。此外，潍坊市进一步加强全市水资源规范化管理，严格取水许可论证和管理，增强水资源费征收能力，严格落实责任考核制度，加强水资源管理保障体系建设，为确保全市水资源的有序管理和合理利用打下了坚实的基础。

（2）水利信息化

潍坊市大力宣传关于水利的法律法规，制定出台了《潍坊市农村公共供水管理办法》等规范性文件，突出抓好资金、进度、质量、安全和程序"五位一体"的建设管理，全面落实安全生产责任制。同时，潍坊市结合水利工程建设，逐步开展了水利信息化建设工作，建设了水位监测自动化系统，全面开展了取用水量监测，已建成水资源管理信息系统硬件平台，并完成了市信息中心与各县市区信息分中心的虚拟局域网的建设。

（3）水生态文明理念宣传教育

潍坊市积极开展节水、节能宣传教育，以提高公众的忧患意识和节水节能意识，增强节水、节能的紧迫感和责任感。例如，潍坊市利用"世界水日""中国水周""城市节水宣传周""节能宣传周"等有利时机，开展节水、节能宣传教育。但目前，专门针对水生态文明建设的宣传教育还较少，公众自发的水生态保护意识尚未真正建立。

2.1.3　建设程度相对滞后的地区

这里以新疆维吾尔自治区为例，分析建设程度相对滞后地区的水生态文明建设现状。

2.1.3.1　用水总量超标导致河湖系统严重萎缩

新疆维吾尔自治区的水资源总体开发利用率达到75%，远超过国际公认的40%的水资源开发生态警戒线，特别是东疆吐哈盆地、南疆焉耆盆地、北疆天山北坡等区域生态环境用水被大量挤占。20世纪以来，新疆维吾尔自治区的经济社会用水总量快速增长，在2012年达到590亿立方米的最大值，但在实施最严格的水资源管理制度以后，用水总量呈下降趋势。除国际河流外，当地绝大多数内陆河流存在不同程度的断流，导致处于尾闾的内陆湖泊面积萎缩甚至干涸。河湖系统的萎缩导致河谷生态和湖滨生态的衰败，更为严重的是干涸湖底的积盐出露风化，形成盐尘对周边的居民生活乃至经济发展造成严重影响，如艾比湖裸露的湖底已成为天山北坡风沙的主要策源地。

2.1.3.2　水资源保障能力和用水效率效益较低

新疆维吾尔自治区的城市与农村供水体系还不完善，供水水质不达标，供水安全保障能力有待提升；水生态治理与保护工作进度落后，除塔里木河外，其他河流系统性治理工作尚未开展；用水效率与效益较低，2021年新疆维吾尔自治区的用水总量为549.93亿立方米，农业用水量为500.03亿立方米，农业用水占比约90.9%，人均用水量为2 127立方米/人，是全国平均值419立方米/人的5.1倍。

2.1.3.3　天然植被的严重退化危及人工绿洲的安全

新疆维吾尔自治区的荒漠环境始终居于主导地位，表现为风大沙多、尘土天气多和土壤盐碱重。新疆维吾尔自治区的天然草原可利用面积48万平方千米，已有85%以上出现不同程度的退化，近年来当地沙漠与绿洲同时扩大，天然水域、湿地、林地、草地等自然生态减少，导致降雨滞蓄率大幅降低、水源涵养功能日趋减弱，土地沙漠化面积不断扩大、风沙及沙尘暴危害强度和频率日益增大，生物多样性遭到破坏。人类的各种不合理活动都极易引起绿洲区和荒漠区环境的逆向演替，且具有极强的不可逆特点。当前，新疆维吾尔自治区天然植被的萎缩已经危及人工绿洲的稳定，每年约有1 000万亩农田受到风沙危害。

2.1.3.4　土壤盐碱化问题突出

新疆维吾尔自治区的内陆河流在自然状态下各种以水为载体的盐分常积聚于河流尾部的盆地之中，由于地形封闭、气候干旱、蒸发强烈，造成区域性的积盐，加重了土壤的积盐和地下水的矿化。新疆维吾尔自治区的盐碱地面积为11万平方千米，约占我国盐碱地总面积的三分之一。过量灌溉导致当地地下水位上升，加速了耕地的次生盐渍化。土壤盐碱化已经成为制约新疆维吾尔自治区农业发展的主要因素。

2.1.3.5　地下水超采问题未得到有效遏制

在新疆维吾尔自治区的干旱地区，荒漠植物的生长对地下水有很强的依赖性，地下水是干旱区生态保护的最后一道防线。新疆已经划定的地下水超采区有15个，总面积4.01万平方千米，地下水水质劣变的趋势也十分显著。

2.1.3.6　水环境劣化趋势仍未改变

在新疆维吾尔自治区封闭干旱的内陆盆地，污染物等有害物质只能积聚于盆地之中，因而水环境容量十分有限，且随着时间的推移逐步减小。在当地，每年约有40亿吨农田盐碱水排入河流，使河水及湖泊的矿化度不断增加，如塔里木河干流矿化度由1克/升增加到现在的5克/升。加之部分未经处理或处理不达标的工业和城市污水的排入，导致河流下游灌区的水质和湖泊不同程度地受到污染，如水磨河和吐曼河。

2.1.3.7　涉水监管仍是薄弱环节

新疆维吾尔自治区尚未建立流域水资源统一调度制度，主要河流控制性工程的防洪、发电、供水与生态环境保护之间矛盾较为突出，亟须深化区域之间、城乡之间、兵地之间、行业之间供用水统筹调配，协调管理；水价、水权、水市场等改革还存在制度体制上的制约，水利工程配套资金落实困难，融资难度大，水利基础设施良性运行面临不少困难。

2.2　水生态文明建设的问题剖析

本节主要对我国水生态文明建设存在的问题进行了总结，并分析了其根源。

2.2.1　水生态文明建设存在的问题

　　水生态文明建设是保障水生态安全、饮用水安全和水环境质量安全的必要环节，对区域水环境治理和水生态系统保护与恢复产生重要影响，间接影响着区域水安全和水景观，对落实水管理和宣扬水文化又有着直接联系，进而为实现区域水生态文明建设提供支撑。水生态文明建设存在的问题主要包括水环境问题、水安全问题和水管理问题。

2.2.1.1　水生态文明建设中的水环境问题

　　据调查，污水任意排放垃圾随意堆放的现象导致水环境污染严重、土壤质量下降、生态遭到破坏，其中水污染问题尤为严重。水污染问题主要包括生活污水和固体垃圾污染、农药和化肥污染、畜禽养殖污染、水土流失污染、水产养殖污染和工业污染。

　　第一，生活污水和固体垃圾污染是水环境恶化的直接污染源。由于生活污水及其污染物的无序排放、固体垃圾的随意堆放，导致水环境恶化，水生态服务功能受创。

　　第二，农药和化肥利用率低，导致农药和化肥污染严重。一般来讲，农药施用后约80%～90%流失在环境中，化肥施用后60%～70%进入环境污染水体和土壤。大量使用农药和化肥后，残留物通过径流会进入江河湖库中，导致水环境污染。

　　第三，畜禽养殖污染已经成为农村面源污染的主要来源之一。污水未经处理或处理未达标后直接进入水环境中，造成了严重的水体污染。

　　第四，水土流失污染相对较大。据水利部2021年全国水土流失动态监测显示，2021年全国水土流失面积267.42万平方千米，占国土面积（未包含港、澳、台地区）的27.96%；在全国水土流失面积中，水力侵蚀面积为110.58万平方千米，占水土流失总面积的41.35%。随着水土流失，大量的氮、磷等营养物质进入水环境，导致水环境污染日趋加重。

　　第五，水产养殖污染日益加重。水产养殖污染主要包括未被鱼类摄食的饵料、鱼类排泄物和残留鱼药等。研究结果表明，饵料中有10%～20%直接溶于水中而未被摄食，75%～80%的氮和60%～75%的磷以粪便和代谢物的形式排入水环境。残存饵料和排泄物的逐渐累积，造成水体自净能力下降，导致水质恶化和水体富营养化。

第六，工业污染不容乐观。随着社会经济的发展，部分小型工业企业由城市向农村地区转移，并分散于各乡镇。由于部分工业企业业主环保意识不强，废水排放监管力度不大，导致废水未达标排放，造成水体污染。❶

2.2.1.2 水生态文明建设中的水安全问题

水生态文明建设对于保障饮水安全、居民生活质量、防洪排涝安全以及农业生产安全具有重要的影响，水安全问题是水生态文明实现的重要环节。

第一，饮水安全和生活安全受到威胁。随着水环境质量不断下降，饮用水安全和生活安全受到严重威胁。据中国预防医学科学院统计，全国有近7亿人的饮用水中大肠杆菌超标，约有1.6亿人的饮用水受到了有机污染。再加上由于农药、化肥等物质的广泛使用，许多地方的地表水和地下水已经不适宜饮用。

第二，河道不断淤积，防洪治涝安全受到严重威胁。由于固体垃圾的随意堆放，大量的固体废弃物随着地表径流进入河道，导致河道淤塞，河道断面逐渐变窄，严重影响了河道的防洪排涝能力。

第三，生产安全受到威胁。水环境是保障生产发展的基础，随着水资源开发利用程度不断提高，水环境问题日益突出，对生产用水安全构成了严重威胁。

2.2.1.3 水生态文明建设中的水管理问题

水生态文明建设中的水管理问题表现为：水环境管理体制缺失，水环境监测与评价滞后，水环境整治水平较低；乡镇级别环保机构缺失，乡镇级别水管理体制建设基本上处于空白状态；农村水环境监测统计资料缺乏，无法对农村水环境质量状况进行全面、定量的评价。目前，尽管水利、农业、环保、财政等部门都有一定资金投向生活污水治理，但

---

❶ 王浩. 水生态文明建设的理论基础及若干关键问题 [J]. 中国水利，2016（19）：5-7.

由于各部门之间缺乏必要的沟通和协调，资金投入相对分散，直接影响了水管理水平的提高。

2.2.2 问题根源剖析

从整体来看，我国水生态文明建设面临的问题有客观和主观两方面原因。

2.2.2.1 客观原因

水生态文明建设问题的科学分析要遵循两个规律：一是自然规律，就是我国的自然条件和水情特点；二是我国的国情，即经济社会的发展规律。

在自然条件方面，我国人均资源并不丰富，人水争地、生产和生态争水等问题都是水土资源短缺背景下的必然选择，水资源时空分布不均、水土资源空间不匹配等都是基本的自然特点。

在社会发展规律方面，我国是农业大国，人口多，粮食安全压力大，农业生产占用着大量的水资源和土地资源，受技术、市场等方面的影响，我国钢铁、水泥、化工等高污染、高耗水的行业仍占据较大的市场份额。此外，物质财富尚不丰富的社会，人们的价值观仍停留在经济价值方面，生态观较淡薄。

2.2.2.2 主观原因

自然及经济社会发展的客观规律起重要作用，但并不是主要作用，主要因素还是人，不应将客观因素作为水生态破坏的借口。人类在自身发展中，没有遵循自然规律，适地、适度、适时地调整发展规模及模式，造成人与自然尖锐的水生态问题，这是根本原因。具体体现在如下几方面。

第一，水生态文明的意识薄弱。当前，社会公众对水生态保护的重要性缺乏足够的重视，没有强烈的保护水，爱护水和珍惜水的意识，使得其在价值取向上偏重于经济增长和社会发展，忽视水生态系统的承载能力。

第二，管理和保护力度不足。受重效益轻公益、重经济轻环保、重建设轻管理、重开发轻保护、重生产轻生态的观念影响，我国水资源配置倾向于经济社会发展，水资源管理和保护的工作力度不足，导致水资源保护工作长期处于弱势和尴尬的状态。换言之，水生态问题的产生与水资源管理和保护力度不足有直接关系。

第三，缺乏对水生态系统的科学认知。水利工作长期面向社会，为人们提供供水及安全保障，对水资源的循环规律、经济社会用水特点等方面了解较多，对于河流生态系统的科学认知不足。

第四，水生态系统保护投入不足。水生态系统保护是公益性事业，要政府从公共资金中加大投入。在我国的财政支出中，对环境及生态保护与修复的投入不足，我国至今仍未建设水生态监测系统，水资源监控系统能力薄弱，用水计量覆盖率低。

2.3　水生态文明建设的经验借鉴

当前，我国正积极推进水生态文明建设，这是城市水利发展和现代化城市发展的趋势。水生态文明建设和管理是一项系统工程，涉及多部门、多要素的参与和渗透。因此，我国各个城市都需要充分借鉴国内外的相关建设案例与成功经验，以更好地推动我国水生态文明建设进程。

2.3.1　水生态文明建设的国外经验

国外的城市水生态文明建设体现在不同的空间层面，既包括宏观层面上生态城市的实践，也涵盖微观层面上水生态环境的动植物栖息地、滨水开放空间、绿色廊道的打造，以及城市水道的复兴、城市水系网络整合、滨水区的整治与再利用等。

2.3.1.1　绿色生态水城：瑞典斯德哥尔摩哈马碧生态城

哈马碧生态城位于瑞典首都斯德哥尔摩城区东南部，梅拉伦湖与波罗的海的交汇处，其以环抱美丽的哈马碧海而知名，该城水利用技术最为人称道。哈马碧生态城的人均日用水量为100升（斯德哥尔摩地区人均日用水量为180升），污水中95%的磷回归土地。从适宜能源和排放的角度出发，哈马碧生态城对土地中氮的回归量以及废水中化学含量进行了生命周期分析，污水中的重金属和其他危害环境物质含量比斯德哥尔摩其他地区均低50%以上；在净化后的污水中，氮含量不高于60毫克/升，磷含量不高于0.15毫克/升。

2.3.1.2　滨水开放空间：加拿大多伦多城市湖滨地带再开发

2000年，加拿大政府、安大略省政府及多伦多市开始规划和改造多伦多湖滨地区，旨在促进城市经济的长期繁荣及居民生活质量的提高。该项目包括清理已污染地区、改善湖水质量、扩大公共用地和公众开放空间为社区共享、增加城市住房供给、创造混合用地、促进新经济的繁荣发展、提升交通运输网络以使区域彼此联系等。

加拿大唐河河口地区环境品质的提升是多伦多湖滨地区复兴工程的项目之一。为使唐河河口地区恢复成清洁、绿色及可进入的土地，要建设一条崖径用于防洪控制，保护西部区域土地。唐河河口地区的再造，将多伦多滨水地区与唐河河谷地的绿色空间联结在一起，把21公顷的空白地块或是混凝土区域变为一片新的公共用地、湿地、沼泽区域，新的森林及城市野生动物的庇护地。通过项目的实施，不仅改善了唐河河口地区水质，还开辟了一块19公顷的土地用于住房建设和商业发展，使当地环境和经济都得到了发展。

2.3.1.3　城市河道整治：美国得克萨斯州圣安东尼奥河整治

圣安东尼奥河位于得克萨斯州圣安东尼奥市，河道流经市区，长24千米，平均宽度24米。圣安东尼奥河的改造可以追溯到20世纪20年代，1921年9月的一次洪水决堤，造成数百万美元的损失和50人死亡，因此政府决定对该河进行防洪整治。

圣安东尼奥河前期治理以防洪和解决河道生态问题为主，后期则以河道生态景观改造为主，治理工程持续了近90年，直至2012年圣安东尼奥河改造才全部完成。该规划开发采取滨水区开发模式，使流经市中心的圣安东尼奥河畔恢复古典的魅力和氛围，将威尼斯风情与商业设施结合为一体，创造出一派滨水繁华景象。沿河步行带长约4千米，跟随着圣安东尼奥河蜿蜒流经市中心，相当于一条带状的滨河公园。步行带内植满茂盛的柏树、橡树、柳树，还有各种种满植物的小花园。沿河步道由卵石铺砌，几乎与河面相平，点缀着喷泉，放置着休息长椅，另一侧有各种商业设施，如酒店、商场、小卖店、餐馆、茶座、咖啡厅、酒吧等。通过螺旋形台阶就可以上至更高处喧闹繁华的城市街道。同时，在河道中还可以行驶露天小游船，供游人随河水感受圣安东尼奥河的多样风情。

2.3.2　水生态文明建设的国内经验

就我国而言，济南市在水生态文明试点建设期间，始终秉承人水和谐的建设理念，积极践行"节水优先、空间均衡、系统治理、两手发力"的治水方针，结合自身实际，探索出了一条适合于水资源短缺地区并能在全国较大范围内进行推广的建设模式，值得借鉴参考。在水生态文明建设的具体组织和实施中，济南市通过生态城市、森林城市、海绵城市等"七城联创"的模式将各有关部门的工作无缝连接，形成合力；通过将最严格的水资源管理考核延伸到用水户，推动企业节水减排；通过公益代言、泉水文化节等方式充分发挥新闻媒体的引导作用；通过志愿者行动、中小学图书赠予、摄影大赛等方式发挥宣传教育的辐射作用，带动全社会公众共同认知和参与水生态文明建设。济南市水生态文明建设的经验主要有以下5个方面。

2.3.2.1　打造现代水网，推进城乡水安全保障与水生态恢复

随着水资源对于社会经济发展瓶颈作用的不断凸显以及公众对于水安全保障、水生态健康需求的逐步提升，水网已经成为现代社会继互联网、交通网、电网之后的又一基础性网络。在试点建设中，济南市通过五库连通等一系列河湖水系连通工程的实施，"六横连八纵，一环绕泉

城"的大水网基础框架初步形成，并在水网建设和打造过程中，不断强化水网的安全保障与生态恢复功能，逐步形成了覆盖全市的现代水网。首先，济南市大力开展平原水网区的河道清淤疏浚，全面推进城区海绵城市试点建设，实施山丘区中小水库和塘坝除险加固和增容，有效增强了全市防洪排涝安全保障的水平。其次，济南市通过地表水、地下水、长江水、黄河水的互联互通和联合调度，形成现状、应急、补充、备用四级水源体系，全方位地保障城区用水安全，并大力开展平原水库和农村饮水安全工程建设，商河县率先实现了城乡供水一体化。最后，济南市在全市大水网建设中打造了中心城区、小清河湿地等多个局部水循环系统，增强了水体的流动性，加强了污染物的沿程削减和净化，建设了生态护岸，为水生态系统的整体恢复奠定了基础。

2.3.2.2 可控可调可罚，实行最严格的水资源管理制度

地下水是济南市重要的供水水源，加之泉水保护对于地下水资源开发利用的要求，济南市水资源管理的核心是全面加强地下水管理。为了实现最严格的地下水管理，济南市探索出了一套"可控、可调、可罚"的地下水管理模式，取得了显著的管理成效。通过开展市域范围内地下水井的全面排查、登记和在线监控，济南市形成了地下水井和地下水资源的"一库、一图、一表、一模型"，不仅做到心中有数，还能实时更新和动态模拟，实现了"可控"目标；加大了地下水超采区和泉域范围内地表水厂和供水工程的建设力度，逐步实现了地表集中供水对于地下水开采区的覆盖和替代，并以趵突泉水位为控制条件，当低于警戒线时，对城市公共供水、企事业单位用水、建筑工地深基础施工排水进行管制，限制其取用水，实现了"可调"目标；依法治水管水，完善了各项管理制度，水利、环保、市政、公安等部门通力合作，大力开展执法巡查和突击检查，严厉查处各类私采地下水行为，实现了"可罚"目标。

2.3.2.3 政府市场两手发力，探索水生态文明长效建设机制

在政府行使引导和服务功能的前提下，在各项具体工程的建设过程中，需要大力发挥社会资本的作用，建立起市场化的运行机制，而且水资

源管理、水生态文明建设各项具体制度的落实也需要充分发挥市场机制调节作用，只有这样，才能使各项制度真正落到实处。为此，济南市在试点建设过程中，一方面积极引导社会资本的投资，充分发挥了全市四大投资集团融资平台作用，运用了市场化的办法解决融资问题，华山湖、北湖等湖泊、湿地和重点河道的治理全部由投资集团进行了土地熟化和运作实施，全市试点建设投资中社会资本投入比例达到55%，初步建立起了政府引导、地方为主、市场运作、社会参与的多元化建设机制，有效保障了各项建设任务的资金来源和后期维护。另一方面，济南市注重市场调节机制的建立，积极建立水权转让制度，初步制定了"全市取水许可暨水权登记方案"和"水权分配框图"，为水资源资产产权制度打下了坚实基础；全面实行阶梯水价和"优水优价"制度，建立了合理的水价形成机制；加大了节水减排先进企业的补贴力度和税收优惠政策，引导了全社会用水方式的转变，促进了水生态文明长效机制的建立。

2.3.2.4　科技与文化同兴，引领水生态文明建设深入开展

水生态文明建设作为一项新的系统性工程，不管是对其基本理念的认知，还是具体的建设实践都离不开科学技术的支撑。全民意识的提升既是水生态文明建设的主要任务，又是水生态文明程度的重要标志。因此，济南市从试点工作伊始就十分注重科技与文化的引领作用。在科技层面，由分管市长牵头，开展了泉水保护与水生态文明建设相关课题研究；成立了济南市水生态文明研究和促进会，为各项理论、技术、标准的研究构建了良好的平台；广泛与国内外高新技术企业和部门合作，拓展了全市水生态文明建设的技术手段，通过强大的科技支撑，避免和大大减少了试点建设过程中走弯路、走错路的可能性。在文化层面，专门编制了《济南市水生态文明市建设宣传工作方案》，分别针对水生态文明理念易于提升的学生、应该提升的管理者等进行突破，并积极开展了各种活动来扩大受众比例。具体措施包括：编制了《济南水生态文明读本》，以中小学生容易接受的四联漫画形式来传播水生态文明建设的相关知识和理念；针对管理部门，组织开展了若干次水生态文明培训，邀

请了众多知名专家学者就水生态文明理念和内涵进行授课讲解，提高了各级管理部门对于水生态文明的认识；另外，通过多次举办泉水节和摄影大赛等活动，增强了全社会对水生态文明建设的认知度和参与度，为水生态文明的深化建设营造了良好氛围。

2.3.2.5 七水统筹，七城联创，建立践行"系统治水"理念

水生态文明建设是一项系统性工程，涉及安全保障、污染防治、生态修复、节水减排、宣传教育等多个领域，需要建立起"系统治水"的理念，将防洪与排涝相结合，将供水与节水相结合，将陆域减排与水域修复相结合，多部门、多板块协同推进，方能行之有效。济南市在试点建设过程中，逐步建立起了"开源水、优供水、抓节水、保泉水、治污水、排涝水、防洪水"的治水思路，充分考虑各项重点工作的衔接性，具体工程和措施注重发挥多重功效。同时，济南市结合国家生态城市、森林城市、卫生城市、环保模范城市、园林城市、海绵城市和全国水生态文明建设，成立了由市政府相关人员任组长，市委、市政府相关人员任副组长，市相关部门负责人、各县（市）区人民政府负责人为成员的市"七城联创"工作领导小组，由其全面负责试点工作的组织领导，统筹安排和协调解决试点建设中的重大问题。这样一来，形成了强大合力，保障了各项建设任务的顺利进行。

2.3.3 国内外经验对我国水生态文明建设的借鉴

从上述国内外的水生态文明建设经验可以看出，随着城市化的快速推进，以水资源、水环境、水景观、水空间、水文化等为载体的水生态文明建设已经成为城市改造和更新的重要手段和措施。国内外成功的水生态文明建设案例表明，必须重视体制与机制的建设工作，涉及完善的法律条例、市场化的管理体制等保障条件。

2.3.3.1 顶层设计——制定明确的水生态文明建设目标和原则

水生态文明城市作为城市现代化发展的高级形态，是一种新的城市

发展模式，既包括物质空间，也包括社会文明的"生态化"，涉及水利和城市发展的方方面面。我国水生态文明建设，需要根据我国各城市实际发展情况制定相应的建设目标和指导原则，明确水生态文明建设的主体和责任。

2.3.3.2　规划引导——突出城市功能与水域空间的有机融合与渗透

水域空间一直是城市的重要开放空间，亦是水生态文明建设的重要空间载体之一。水域空间不仅要为城市居民提供休息、娱乐、观赏功能，还应凭借优越的水环境、水景观吸引人流的集聚，为城市提供文化和生活等功能，实现复合化的功能开发。同时，水域空间作为城市的空间组成部分，应纳入城市整体规划和设计中，从整体上把握开发策略，突出城市功能与水域空间的有机融合与渗透。

2.3.3.3　科技支撑——注重吸收融合可持续发展的综合技术

水生态文明建设是城市发展与水生态平衡的协调，是城市自然、社会、经济复合生态系统的和谐。为此，必须以强大的科技和生态适应技术为支撑，深入开展水生态文明建设科技项目需求分析与研究推广工作，充分吸收融合可持续发展的各种技术，包括现代生态技术、环保技术等，进行引进、吸收和集成，并推广应用于水生态文明建设。

2.3.3.4　体制保障——健全水生态文明城市发展的政策体系

水生态文明建设作为一项复杂系统工程，政策完善与制度创新也极为关键。为此，要从国家层面推进水生态文明建设有关政策、法律依据的出台，健全完善资金投入、监督管理、激励举措等体制机制；要结合城市河湖水系连通、防洪排涝、截污治污、生态环境综合治理等工程建设，将水生态文明建设理念贯穿到水利项目的规划、立项、设计、建设、管理的全过程，为推进水生态文明发展服务。

第3章　水生态文明建设的内容

水生态文明建设的内容包括防洪减灾体系、供水保障体系、水环境修复体系、水生态保护体系、水文化建设体系以及水管理建设体系六部分。本章将对这六部分内容进行详细的探究。

3.1　防洪减灾体系

3.1.1　流域防洪

3.1.1.1　流域防洪规划含义

洪水的自然流域特征决定了洪水应当以流域为单元实施统一管理。流域防洪规划是开发、利用、保护水资源、防治水害的总体安排，是人们进行防洪减灾活动的基本依据，具有很强的指导性和阶段性。流域防洪规划应根据当时经济社会的具体情况和发展水平综合分析编制。编制流域防洪规划是指导流域范围内城市防洪和江河防洪的重要依据，是流域综合治理的一个重要组成部分。

洪水及其所产生的洪泛区是自然的结果，它是自然水循环的重要组成部分。洪水的产生同时具备两个条件：第一个条件是有强降水、长时间持续降水或雪融化；第二个条件是土壤吸水能力处于饱和状态再加上降水。也就是说，引起洪水的高洪峰除了持续和强降水外，还取决于植被土壤、地形和水网等储蓄器的作用。这四个储蓄器每个都有能力使雨水在一定时间内予以截留。在水域周围，越强的蓄水能力，就使洪水抬升越慢，洪峰就越小。

（1）植被

在雨水到达土壤前，灌木丛和树木等植物首先捕捉到雨水。据相关研究表明，每平方米的绿地蓄水约2升，每平方米的森林蓄水可达到5升。在下雨后，这些植物会蒸发掉一半的雨水，这样植被又重新获得蓄水的能力。

（2）土壤

土壤是一个更大的蓄水器，按照不同土壤种类，其蓄水能力是植被蓄水的多倍。土壤就像一个海绵，可以吸收很多雨水，直到其达到饱和为止。一个具有一定深度的、富有腐殖质的土壤并有大范围的凹地空间，其蓄水力是很大的。而植被和树木具有固定土壤、防止水土流失的作用，它的根系又对土壤的吸水起到促进作用。

（3）凹地形（湿地、洼地）

凹地形的蓄水能力要比陡峭山地的蓄水能力大得多。雨水在进入河流之前，将被滞留在凹地形更长时间。如果其有茂密的植被和好的蓄水能力的土壤，其蓄水能力会大大提高。

（4）水网

河流及其形成的河滩有着巨大的自然蓄水能力。随着河流和溪流的水位上升，近距离的河滩将被淹没，它们具有蓄水器的功能，可以减缓洪水的水位和流速。因此，水域拥有越多的河滩空间，河水越早淹没河滩，就有越多的洪水被滞留在水网内。

需要指出的是，本节所述的流域防洪规划不等同于国内已经编制的大江大河流域防洪规划和综合规划，这些流域规划都还是以水系、江河防洪规划为主体，并没有涉及流域内河流以外的产汇流、雨洪管理规划。虽然江河防洪水利工程建设越来越完善，但洪涝灾害发生频率越来越高，且危害越来越大。人们发现单纯依靠河道内修堤、筑坝、扩宽河道等措施来提高河流的防洪标准的策略存在严重不足，不能从根本上解决洪水灾害的问题，而且随着社会经济和人口规模迅速发展，洪灾危害会越来越大。究其原因是洪水的产生除在河道内演变外，来自河道外的产汇流过程改变也加剧了河道和城市的防洪压力。随着城市化的飞速发展，不透水陆面比例越来越大，地表径流系数不断增加，绿地、耕地、湖泊、湿地、池塘等自然调蓄设施由于人水争地不断萎缩，自然对雨洪水的调蓄能力不断减弱，造成某一设计频率下的降雨所形成的地表径流量入河前大幅增加，加之入河后由于河道渠化/硬化、河滩地被侵占、泥沙淤积降低河道行洪能力等问题，导致河道内汇流演变加快，汇流时长变短，洪峰流量变大，使得河流和河流周边城市的防洪压力增大。因此，此处所探索的"流域防洪"是从坡面的产流到河道汇流的综合防洪规划。流域防洪的基本思路是，通过流域的综合治理，将流域范围当成自然调蓄的"海绵系统"，使其具备良好的吸水、蓄水、渗水、净水、排水的"弹性"能力；通过从陆面到水面的全面规划，提高流域对雨洪的调蓄能力，增加地表对自然降水的渗透能力和自然调蓄能力；通过自然排水系统，延缓流域的产汇流速度，削减入河地表径流量，在其进入河道后通过湿地、湖泊、水库等自然系统实现延时削峰的作用，进一步缓解河道的防洪压力。

我国最早有关流域综合防洪规划是在淮河流域防洪规划时由刘树坤教授提出的。当时，在淮河流域新一轮防洪规划中沿袭了淮河多年经验所得的"上拦、下排、两岸分滞"的防洪战略，治理的着眼点放在对河道及中游两岸的行蓄洪区建设上。该规划在很大程度上提高了河道的防洪标准，下游河道入江、入海的泄洪能力有较大提高，但中下游河道的泄洪能力增加不多。由于淮河流域降水极为丰富，这一规划未考虑流域内的产汇流机理是防治洪水的根源，未对流域内的土地规划、雨洪调蓄管理进行规划，导致淮河的防洪不能从根本上得到改善；而且，下游的泄洪能力明显增加，汛期大量的雨水资源随洪水外泄，使旱季河道可利用水资源量大大减少，淮河流域的水资源短缺情况将会成为新的问题。

因此，流域防洪不应只针对大江大河及其支流的治理，应从流域的产汇流基本条件出发，探索更为全面、有利的治理策略。

3.1.1.2 流域防洪措施

为了达到防洪减灾的目的，一般通过修建水库、堤防和涵闸等大规模工程措施，以单一的防洪为目标的治理思路是传统流域规划的主体思想。但随着社会经济的发展，人类对环境和生态提出了更高的需求，在治水理念上相应有了很大转变，即由过去单一的修建防洪工程来达到防洪减灾目标向以保护水环境、恢复水生态、提高水景观等多目标综合治理转变，从局限于河流、湖泊等水体系统延伸至产汇流陆面，从河流尺度向流域尺度扩展。对流域尺度的防洪治理宜采取综合治理的办法。治理江河修建防洪工程首先应从生态保护和环境治理的全局考虑，把工程措施与水环境、社会环境结合起来。河流洪水生成和运动有其自然摆动的范围，人类在治水中必须给它们保留足够的行洪通道，并保证蓄洪区的蓄洪功能。

流域防洪措施规划的目的是以流域为单元，生态与工程措施相结合，建设防洪减灾体系，提高各区域的防洪蓄水与调节径流的功能，改善生态环境，实现流域持续发展。❶流域防洪要求从源头、沼泽地、湿草地等恢复湿地多样化，这不仅仅是生态防洪的需要，也是自然保护和维持农业可持续性发展的安全保障，具体措施如下。

第一，提高绿地、湿地和林地的覆盖率，营造优美的自然环境，保持水土，减缓水流汇集时间，在客观上起到正本清源、减少洪涝灾害的作用。

第二，堤坝往后建设，为河水和河滩赢得更多的空间。防洪必须保障洪水有足够空间，保障它的需求和可能在河滩生存。首先，作为洪泛区的河滩功能必须重新恢复。其次，堤坝必须往后建设，河滩必须听任于自然的水流体系。对此，可以在一些河流上舍直取弯，铲除堤防，恢

---

❶ 夏军，陈进，王纲胜，等. 从 2020 年长江上游洪水看流域防洪对策 [J]. 地球科学进展，2021（1）：8.

复洪泛区自然蓄水状态，保持水生动植物适宜的生存条件，以创造良好的自然环境。

第三，雨水收集和渗透。防洪需要不被封闭固化的地面。居住区和工商业区的雨水可以通过收集回用。采取透水铺装改造、进行屋顶绿化、雨水利用和雨水渗透等措施，都有益于雨水在河流流域内滞留，符合生态的土地利用。对一些土地过度利用，造成雨水无法滞留和渗透的，必须对其进行恢复，如有效控制地面硬化、促进保持土壤耕作和土壤透水性等。

第四，雨污分流，增设蓄水设施。规定城市防洪设施建设要做到雨污分流、根据地势条件划分区域建设地面和地下蓄洪设施；将城市较低的地区或河道两岸滩地，开辟成公园、绿地球场、停车场、道路等，平时为娱乐场所，当降雨有洪水时作为调蓄洪水场所。

第五，保留潜在、自然的洪泛区。河流和洪泛区容纳了一个具有多样性的动植物群落，同时防洪和自然保护还对发展经济有促进作用，因此建设和利用洪泛区是必要的。

第六，使受损的河流、支流和溪流恢复生态自然化。首先必须停止有影响河流生命健康的整治和其他建设，然后通过对河流恢复自然化（如拆除河堤建设和水坝等设施）以及软化溪流和河流，以达到削减洪峰的目的途径。

第七，在日常管理工作中，各部门除了进行必要的工程维护外，还要解决好洪泛区的限制开发管理、退田还河（湖）增加河道的蓄泄能力、提高洪水的预警预报水平、增强全社会的风险意识等问题。

3.1.2 区域除涝

区域除涝规划是防洪规划的一种类型，区域除涝规划应以流域防洪规划的指导，并与之相协调，同时区域除涝规划还应服从区域整体规划。区域整体规划是指在一定地区范围内对区域经济建设进行的总体的战略部署。

区域作为一个可以独立施展其功能的总体，其自身具有完整的结构。然而，以区域为研究对象的防洪规划，其规划区域未必是一个完整的流域，可能只是某个流域一部分，甚至是由多个流域的部分组成，这是区域除涝规划与流域防洪规划最大的不同点。

综上所述，在编制区域除涝规划时，可以根据区域的自然地理情况，将规划区域划分成多个小区域分别进行防洪规划。例如，可以根据区域的地理条件将该区域分为山丘区、平原区分别进行规划，也可以根据区域中河流的数量，将其划分为小流域进行规划。

3.1.3　沿海防潮

中国沿海大多为陆架浅海，受风暴潮影响极为严重。风暴潮是指在强烈天气系统（如热带气旋、温带气旋、强冷空气等）作用下所引起的海面异常升高的现象。如果遇上天文潮的高潮阶段，可能导致潮位暴涨，严重危及沿海地区的生命和财产安全。

形成严重风暴潮的条件有三个：一是强烈而持久的向岸大风；二是有利的岸带地形，如喇叭口状港湾和平缓的海滩；三是天文大潮的配合。"0303"特大温带风暴潮就是典型的一个例子。2007年3月3日至5日凌晨，受北方强冷空气和黄海气旋的共同影响，渤海湾、莱州湾发生了一次强温带风暴潮过程，导致辽宁省、河北省、山东省海洋灾害直接经济损失40.65亿元。沿海增水超过100厘米的有4个验潮站，最大风暴增水发生在莱州湾羊角沟验潮站，为202厘米；羊角沟、龙口和烟台验潮站超过当地警戒潮位，其中烟台验潮站超过当地警戒潮位49厘米。辽宁省大连市海洋灾害直接经济损失18.60亿元，损毁船只3 128艘。

为了防止大潮、高潮和风暴潮的泛滥以及风浪的侵袭所造成的土地淹没，在沿岸地面上修筑的一种专门用来挡水的建筑物，古时称为海塘，或称海堤、大堤、大坝等，现代则称为防潮堤。世界各国的防潮堤以土堤最多，就地取材修筑，结构简单，大多为梯形断面。为加固土堤，常在土堤的临海一侧修筑戗台，以节约土方。为加强土堤的抗冲性能，也常在土堤临海坡砌石或用其他材料护坡。石堤以块石砌筑，石堤的断面较土堤更小。在大城市及重要工厂周围修建防潮堤时，为减少占地有时采用浆砌块石堤或钢筋混凝土堤，称为防洪墙，堤身断面小、占地少，但造价高。强潮区的海堤，其地基处理是筑堤成败的关键，护坡常采用抗冲能力强的土工结构。

现代防潮大堤的建筑物结构可分为斜坡式、陡墙式、透空式和浮式四种。无论哪一种结构，都需要先经过室内的模拟试验、数学模型和现场测验等手段进行研究论证：根据水文分析与计算，确定设计洪水；根据风浪要素、沉陷和工程等级，确定堤顶超高；根据社会经济能力和技术水平，经过多方案的技术经济比较，选定最佳的堤距与堤高。这里以斜坡式防潮大堤和陡墙式防潮大堤为例，介绍其作用和实际应用案例。

3.1.3.1　斜坡式防潮大堤

斜坡式防潮大堤是在自然条件恶劣的条件下所选用的一种结构。其主要作用是在风暴潮多发地区，对原有岸坡采取砌筑加固的措施，以防止波浪、水流的侵袭、淘刷，以及在土壤压力、地下水渗透压力的作用下造成的岸坡崩坍。在淤泥质或沙质海滩，泥沙被波浪掀起、悬浮并随水流输移，致使滩面发生剥蚀，海堤、护岸的坡脚逐渐受淘刷，可能会引起海堤或护岸坍塌。对此，构建斜坡式防潮大堤不仅能保护滩涂，还间接地有护堤、护岸的功能，并有促使泥沙在滩面落淤的作用。

东营防潮大堤建于潮间带和泛洪区，自然条件恶劣，海堤所处的滩地表层土壤为黄河的冲积层。由于现场缺少砂、石料，东营防潮大堤的堤身材料采用就地取土填筑而成，海堤护坡采用了蘑菇石、抛石、砌石等多种结构形式。从整体来看，东营防潮大堤气势恢宏，如长龙卧波，镇海锁浪，堤内芳草萋萋，钻塔林立，浓缩了黄河三角洲最具吸引力的特色，是游人领略"新、奇、野、美"感受"沧海桑田"的绝佳去处。

3.1.3.2　陡墙式防潮大堤

陡墙式防潮大堤是一种传统形式的海堤，可以使墙体在波浪作用下保持稳定。外侧采用块石砌筑成陡墙或直墙，墙后堆填砂或沙土，陡墙也可用混凝土方块砌筑，或用沉箱建造。陡墙后填土的内坡一般与斜坡式防潮大堤的内坡相同。陡墙式防潮大堤占地面积较小，工程量小，但地基应力比较集中，堤身沉陷量大，因而要求有较坚实的地基。另外，陡墙式防潮大堤受到的波压力也较大。

福建前江海堤采取的就是陡墙式的建设方式，其结构难以抵挡巨浪的冲击，2009年"莫拉克"台风带来了狂风巨浪，使得前江海堤多处塌陷。

3.2　供水保障体系

3.2.1　水资源配置

水资源配置的基本思路是在遵循有效性、公平性和可持续性的原则下，利用各种工程与非工程措施，按照市场经济的规律和资源配置准则，通过合理抑制需求、保障有效供给、维护和改善生态环境质量等手段和措施，对多种可利用水资源在区域间和各用水部门间进行配置。

水资源配置是基于现代变化环境下的流域/区域"天然—人工"二元水循环模式，即"大气降水—天然蒸发—地下入渗—坡面汇流—河川径流"自然循环和"供水—用水—耗水—排水"人工侧支循环相耦合的二元水循环过程，流域/区域水循环参数不仅取决于基于下垫面条件的自然参数，还取决于水资源开发利用的社会经济参数，并将其二者进行动态耦合，以用于人类活动强烈干扰下的流域/区域的水资源配置分析。

水资源配置遵循"三次平衡"思想。"一次平衡"是立足于当前开发利用模式下的水资源供需分析，"一次平衡"主要回答3个问题：一是确定在无外在投资、处于当前废污水排放与处理水平条件下，未来不同时间断面的供水能力和可供水量；二是确定在无直接节水工程投资条件下的水资源需求自然增长量；三是确定在当前开发利用模式下的水资源供需缺口、水质型缺水，为确定节水、治污和挖潜等措施提供依据。"二次平衡"是立足于当地水资源状况，在充分考虑节水和治污挖潜等条件下的水资源供需分析。"二次平衡"主要回答在充分发挥当地水资源承载能力和水功能区水质达标等条件下，仍不能解决水资源供需缺口，只能依靠外调水来解决缺水的问题，为确定调水工程规模提供依据。"三次平衡"是考虑通过修建跨流域或区域调水工程实施调水后的水资源供需分析。"三次平衡"主要回答外调水量及其合理分配问题，为制订调水工程规划方案提供依据。水资源配置模型以水资源天然和人工侧支循环演化二元模式为基础，通过数学方法对水资源配置系统（包括水资源系统、经济系统和生态环境系统）中的各种重要特性和系统行为进行抽象描述，在给定的系统结构和参数以及系统运行规则下，实现水资源系统的长系列、逐时段的配置计算。

为了应对未来不断增长的国民经济用水需求，水资源配置在开源节流与治污并重的前提下，还应遵循"先地表后地下、先当地后外调、先生态后用水"的配置原则，形成区域的"多水源互济、多工程调控、多举措并重"的水资源配置格局，为生态文明城市的建设提供支撑。为此，区域在未来的水资源配置中应采取以下策略。

第一，加快当地中小型水利工程、非常规水源工程及其配套工程建设，以缓解区域未来日益严重的缺水矛盾。

第二，推进区域水资源的节约管理。对于城镇地区，要推广居民的节水意识和生活节水器具；对于农业地区，要深入开展农业节水技术的推广，加快农业节水灌溉方式的应用范围；对于工矿企业，要推动生产过程中节水工艺和节水技术的应用。

第三，加大区域污水处理和回用力度，缓解当地水体污染问题，进一步提高污水处理及再生利用程度，并采取有效措施综合治理水土流失，打造"天蓝、山青、水绿"的友好人居环境，进一步提升生态文明城市的品质。

第四，提高区域水资源调控力度。加快区域当地水资源配置工程网的实施，进一步提高各区域/用户之间水资源的相互连通和统一调控能力，尽快实现多水源联合调度，以提高供水保障程度。

第五，提高当地水与外调水的联合调配力度。在外调水参与配置后，外调水与当地水要进入区域的水资源配置网，进行统一的联合调配，进一步提高区域供水安全程度。同时，在有外调水配置的地区，可以考虑将当地部分地下水置换出来，作为应急备用水源，以提高区域水资源的应急保障能力。

3.2.2　城市供水管网建设

3.2.2.1　城市供水管网的现状分析

我国城市供水管网发展至今已经形成了一套较为稳定的地下管道体系，具有长期性以及相对稳定性，同时也具有改造难度大、难以进行实时有效管理等缺点。笔者通过观察和分析，将目前我国城市供水管网的现状总结为以下两个方面。

（1）部分管道腐蚀情况严重

在城市发展早期建立的供水管道网络中，大多数管道建设所采用的管材为灰口铸铁管以及镀锌钢管，这两种管材一般为单层管道，不具有现今管道的内衬部分，较易发生锈蚀或因水质矿物质凝结而结垢的现象。管道在发生锈蚀或结垢以后，一旦水流方向发生改变，或者水流因人为原因产生停流、突然加速的现象，管道内壁的锈蚀产物和水垢将直接随着水流进入城市居民的生产、生活中，对人们的生产、生活造成威胁。另外，随着管道内部的锈蚀和结垢部分不断加厚，管道的容积将日益减小，由此将直接增加管道内的水压，可能导致水表计量失误、管道出现安全隐患、管道疏水能力下降等后果。总之，锈蚀与结垢的存在不仅会对供给城市居民使用的水源造成污染，长期还将直接影响管道管壁的承载力、厚度等属性，对供水管道的安全运作造成威胁。

（2）供水管网管理存在缺陷

除了城市供水管道施工方面存在缺陷之外，供水管网的管理问题同样也是目前城市基础设施管理工作的薄弱环节。城市供水管网的管理可分为日常运行管理和技术管理两方面。在供水管网的技术管理层面，由于部分供水管道建立时间较长，且相关建设档案缺失，有关管理部门缺少可对供水管网进行科学管理和维护的历史依据，使得管理人员无法针对已有管道的使用年限、管材以及管道的基本属性等因素进行科学管理和维护。此外，部分供水管网的管理部门缺乏高水平的供水管道施工以及管理知识，在管理工作中存在经验主义倾向，使工作过程和成果缺乏科学性和可靠性。

3.2.2.2　对城市供水管网进行技术改造的有效策略

从上文的论述中可知，城市供水管网在施工和管理方面均存在影响正常供水的不良因素，会对社会的日常运转及城市居民的生产、生活造成消极影响。对此，笔者通过思考和分析，并结合自身经验，对城市供水管网的技术改造提出以下两方面有效策略。

（1）选用新型管材，优化管网设计

针对上文提过的管道材料易发生锈蚀和结垢的问题，可在管网技术改造工作中通过选用专业水平较高的新型管材来避免。一般来说，供水管道由于需要长期与水源及水源中含有的少量微生物、矿物质相接触，在进行供水管道选材时，必须首先考虑防腐方面的问题。根据调查可知，在目前的供水管道市场上，环氧树脂材料的管道内衬和水泥砂浆材料的管道内衬具有较好的防腐能力，可有效防止管道内壁腐蚀的现象发生。

首先，在保证城市供水管网管道质量的基础上，还应对城市地下供水管道网络的结构以及分布进行优化，以为城市居民及时提供高质量的水源为宗旨，保证每个区域的地下供水管网设置的科学性和合理性。根据调查评估结果对城市管网进行重新设计，设计新的供水管道网线首先应结合政府的其他管道发展的实况，合理设计供水管道的地下分布网络，尽可能避免与其他相应管道产生施工冲突的情况；其次，应对该辖区的供水管道网络分布本身进行优化设计，防止因管道曲度、重叠等不合理而造成管道供水压力的后果。

（2）管道改造施工时的技术要点

要想提高城市供水管网的服务质量和效率，必须以管道的技术改造为主体，对管网进行整修和维护。

第一，供水管道部门应在充分了解现存管道运行情况的基础上开展供水管道的规划设计工作。由于老城区的供水管道分布杂乱，且支线管道较多，对管道改造设置了较大的障碍，在规划设计阶段，必须以实际情况为基础，制订相近的管道施工方案，避免出现在施工中才解决可预计问题的现象，否则不仅会影响管道施工的工期，还会对居民的正常用水造成消极影响。

第二，在供水管道改造施工前，应对新设管道的材料、管径等进行确认，并结合实际施工环境进行施工方式设计，防止出现施工形式与管道使用方法不相匹配而产生破坏管道、延误工期的情况。另外，在管道技术改造施工过程中，应在施工的各环节进行精细化处理，如管基建设必须保持平整状态；在完成管道埋设工作后，必须使用同样的材料进行空隙回填，且保持回填的密封性；在验收阶段时，应注意对改造后的管道进行试压工作，保证管道的正常使用。

3.2.2.3　加强城市供水管网管理力度

要想加强城市供水管网的运行效率和质量，为居民的生产生活提供优质用水服务，应从管理方面入手，大力加强对城市供水管网的管理力度。首先，城市供水管网相关部门应对辖区范围内的供水管道情况进行彻底、全面的调查和检测，并结合本管理部门的具体工作情况，建立健全供水管道管理制度体系，使城市供水管道"有人可管"、管道管理"有规可循"。其次，相关部门应利用优惠的政策条件大力引进与供水管道建设相关的管理以及技术人才，并建立一支专业水平较高的城市供水管道技术监察小组；同时，应对辖区内的供水管网进行定期或不定期的检查，一旦发现存在安全隐患，立即采取相应措施进行预防和治理，避免城市居民因此遭受不良影响。

3.2.3　节水型社会建设

节水型社会的形成需要建立以水资源总量控制与定额管理为核心的

水资源管理体系，完善与水资源承载能力相适应的经济结构体系，完善水资源优化配置和高效利用的工程技术体系，完善公众自觉节水的行为规范体系。

我国当前用水效率普遍不高，用水效益较低，部分地区已经超过水资源承载能力。建设节水型社会的任务有很强的紧迫性和艰巨性，具体可以采取以下措施。

第一，控制生产布局，促进产业结构调整。在规划区水资源日益短缺的情况下，要想实现水资源的合理配置、全面节约和有效保护，必须坚持节水型社会建设，转方式、调结构，把水资源的调度配置和高效利用作为全区经济调控的重要杠杆，全面提高水资源管理水平和水资源利用效率，落实最严格的水资源管理制度，切实发挥水资源的"硬约束"作用，引导和推动发展方式转变、产业结构调整和经济布局优化。同时，应限制高耗水项目上马，着重引入高产值，低耗水的企业，淘汰低产值、高耗水的企业、以水定产，以水定发展。此外，可以通过技术改造等手段，加大企业节水工作力度，促进各类企业向节水型方向转变。

第二，大力发展节水工程体系，深挖节水潜力。具体措施包括：积极发展喷灌、滴灌、微灌、管灌等高标准农业节水工程，大力推进灌区末级渠系配套与节水改造工程建设，重点从节水增效、保护生态的角度，抓好输水、灌水、用水及管理过程节水，建设高效节水工程；重点规划实施高效节水示范区建设，大力推广循环用水、中水回用、分质供水，推进各类企业实施节水技术升级改造，积极开展节水型社区、机关、学校、家庭等创建活动，大力推广应用各类节水器具，从严重漏损的供水管网开始对全区供水管网进行全面改造，以降低漏损和能耗，减少二次污染；加快取用水计量设施建设，建设取排水自动计量与远程监测工程，完善取用水计量、监测系统；全面推进水资源管理信息系统的一体化建设，为水资源信息化建设、实行最严格水资源管理制度提供支撑。

第三，加快替代水源的开发利用。随着传统淡水资源日趋紧张和科技不断进步，国内外纷纷把节水目光转向利用非传统水源（如再生水、海水、雨水、洪水等）。为解决规划区水资源供需矛盾的问题，除需要节流以外，还必须注重开源，设立专项资金用于污水处理回用、雨洪资源利用、海水直接利用和淡化等非常规水源利用技术研发；在有条件的地方可以安排雨水集蓄利用工程，分别用于人畜饮水、灌溉用水和景观用水；完善中水回用系统，加快污水处理厂及其配套管网建设，提高水资源利用效率；临海地区应大力发展海水淡化技术，实施大型海水淡化工程，发展规模化海水淡化产业，建设国家海水淡化产业示范基地，利用海水冲厕、冷却空调，以节约淡水资源。

第四，适当提高水价，促进节约用水。具体措施包括：制定合理的供水水价，使水价能够全面反映水资源保护、开发利用的成本，补偿供水、污水处理的合理成本等；建立合理的水价梯度，以充分满足基本用水需求、抑制超额水费、遏制奢侈浪费为原则，根据不同的用水对象制定科学、合理的差异化水价；因地制宜地推进水利工程供水两部制水价、生产用水超定额超计划累进加价、高用水行业差别水价以及丰枯水价等措施；完善农业水费计收办法，制定农业用水水费基本补贴标准、基准价格和阶梯价格，在农业用水计量基础上，研究对农业用水实行按亩补贴、按基准价格收费、超定额按阶梯价格收费等政策。

第五，完善政策保障体系，建立高效的节水型社会建设管理体制。具体措施包括：积极研究鼓励节水、限制浪费的法规和优惠政策，引导生产、销售和使用节水设备，减少水资源的使用量；贯彻实施节水的法律法规，逐步建立完善法规政策保障体系。

第六，营造良好的节水管理环境，做好舆论宣传，营造一个有利节水型社会建设的环境。具体措施包括：向公众宣传，逐步提高公众的节水意识，立足长远宣传教育，树立全民的惜水意识；在政府主导下，通过合理的制度安排来规范水资源供需关系变化所带来的经济利益关系的变化，形成以利益主导的节水机制，使节水成为全社会的自觉行为，形成良性的管理运行机制。

第七，建立稳定的资金渠道，支持节水项目建设，加强节水工作队伍建设。节水项目的研究和节水技改工程的建设常因资金问题难以实现。所以说，建立稳定的资金渠道是保证节水目标实现的重要途径。为此，要以法规的形式规定，各企业的技改更新资金每年要有一定数量用于支持节水技改项目，以低息或无息的形式用于扶持节水工程建设和节水新工艺、新设备的开发；要定期对节水工作队伍进行法制、职业道德和业务知识的培训，逐步建设一支训练有素、精通业务、善于管理的管理队伍。

3.3　水环境修复体系

3.3.1　水功能区纳污能力

3.3.1.1　水功能区纳污能力的概念

在实施最严格的水资源管理制度"三条红线"的管理目标中，水功能区限制纳污是其中之一。限制纳污需要确定水域纳污能力，即在对水体进行水功能区划的基础上，根据水功能区水质现状、排污状况、不同水功能区的特点、水资源配置对水功能区的要求以及技术经济条件，确定水功能区当前条件和规划条件下的水质保护目标。

参考《水域纳污能力计算规程》（GB/T 25173—2010）的规定，水功能区纳污能力是指在设计水文条件下，某种污染物满足水功能区水质目标要求所能容纳的污染物的最大数量。水功能区纳污能力核算是进行入河污染物总量控制的前提，也是当前实施最严格水资源管理制度划定入河湖限制排污总量控制红线的主要依据。

3.3.1.2　水功能区纳污能力计算方法

（1）一般规定

采用污染负荷法计算水功能区纳污能力，可根据实际情况，分别采用实测法、调查统计法或估算法。应根据管理和规划的要求，用经过上述方法计算得到的污染物入河量作为水功能区水域纳污能力。

（2）基本资料调查收集

实测法所需要的资料包括入河排污口的位置、分布、排放量、污染物浓度、排放方式、排放规律以及入河排污口所对应的污染源等。

调查统计法所需要的资料包括工矿企业的地理位置、生产工艺，其废水和污染物的产生量、排放量、排放方式、排放去向和排放规律等，还包括城镇生活污水的排放量、污染物种类及浓度等。

估算法所需要的资料包括工矿企业的产品产量，单位产品的用、耗、排水量，城镇人口的数量、人均生活用水量等。

（3）污染物的确定

根据水环境管理和规划的要求，结合企业类型、城镇生活污水的主要污染物来确定计算水功能区纳污能力的污染物。

（4）计算方法

第一，实测法。首先，根据入河排污口的位置和污水排放方式拟定排污口监测方案，对其水质、水量进行同步监测。其次，对监测结果按水功能区进行统计分析，计算入河排污口的污染物入河量。最后，根据污染物入河量分析确定水功能区纳污能力。

第二，调查统计法。首先，调查水功能区对应陆域范围内的工矿企业，城镇污水处理厂、生活管网废污水排放量。其次，确定主要污染物及其入河系数，计算污染物入河量。污染物入河系数可以通过不同地区典型污染源的污染物排放量和入河量的监测调查资料分析得出，也可以采用相似地区的污染物入河系数。污染物入河系数的计算公式为：入河系数＝污染物入河量÷污染物排放量。最后，根据污染物入河量分析确定水功能区纳污能力。

第三，估算法。首先，调查水功能区对应陆域范围内的工矿企业和第三产值、城镇人口数量。其次，分析确定万元产值、单位人口的废污水排放系数（一般根据用水定额及耗水率确定）。再次，计算工业企业、第三产业和城镇生活污染物排放量，结合污染物入河系数，计算污染物入河量。最后，根据污染物入河量确定水功能区纳污能力。

3.3.1.3　合理性分析和检验

水功能区纳污能力计算的合理性分析与检验包括基本资料的合理性分析，计算条件简化和假设的合理性分析，数学模型选择、参数确定的合理性分析与检验，以及水功能区纳污能力计算成果的合理性分析与检验。

（1）基本资料的合理性分析

第一，对所采用的水文资料，如河流、湖泊和水库的流量、流速、水位等数据进行代表性、一致性和可靠性分析。

第二，根据所采用的水质资料，从水质监测断面、监测频次、监测时段、污染因子，水质状况等方面，结合地区污染源及排污状况，进行代表性、可靠性和合理性分析。

第三，根据所采用的入河排污口资料，对入河排污口的废污水排放量、排放规律、污染物浓度等资料用类比法进行合理性分析。

第四，根据采用的陆域污染源资料，结合当地经济社会发展水平、产业结构、GDP、取水量、工农业用水量、生活用水量、废污水处理水平等资料，按照供、用、耗、排水关系分析废污水排放量、污染物及其排放量等，并分析其合理性。

第五，对于所采用的河流、湖（库）地形资料，与不同方法获取的资料进行对比，分析其可靠性和合理性。

（2）计算条件简化和假定的合理性分析

通过计算数据和实测数据的对比，分析河流、湖（库）的边界条件，水力特性，入河排污口等简化是否合理，能否满足所选模型的假定条件，确定的代表断面能否反映水功能区的水质状况。

（3）数学模型选用、参数确定的合理性分析与检验

根据计算水域的水力特性、边界条件、污染物特征等，分析所选的数学模型和参数及其使用范围的合理性；与已有的实验结果和研究结果进行比较，分析模型参数的合理性，也可以通过实测资料，对模型参数及模型计算结果进行验证。

（4）水功能区纳污能力计算成果的合理性分析与检验

第一，可根据河段当前的污染物排放量，结合水质现状，分析计算

成果的合理性。

第二，与上下游或条件相近的水功能区纳污能力比较，分析计算成果的合理性。

第三，采用不同的模型计算水功能区纳污能力，通过比较分析计算成果的合理性。

第四，根据当地自然环境、水文特点、污染物排放及水质状况等，分析判断一条河流、一个水系或整个流域的水功能区纳污能力的计算成果的合理性。

3.3.2　全面推行清洁生产

清洁生产是指不断采取改进设计、使用清洁的能源和原料、采用先进的工艺技术与设备、改善管理、综合利用等措施，从源头削减污染，提高资源利用效率，减少或者避免生产、服务和产品使用过程中污染物的产生和排放，以减轻或者消除对人类健康和环境的危害。

应通过建立清洁生产长效机制，全面实施清洁生产，实现"节能、降耗、减污、增效"，以建设资源节约型和环境友好型社会。应以研发清洁生产技术为根本手段，在工业、农业、服务业、建筑业等领域全面推行清洁生产，推动规划区低碳经济和循环经济的有力支撑。

3.3.2.1　建设思路

（1）工业清洁生产

选择石化、电子信息、汽车、装备制造、纺织印染、食品、医药、材料等重点行业开展清洁生产审核。同时，结合实际情况，制定重点行业的清洁生产规划，重点开发研究节能、节水、污染防治和资源综合利用技术，全面提升规划区行业的清洁生产技术水平。

（2）农业清洁生产

以特色观光农业为依托，创建一批资源利用率高、污染物排放量少、环境清洁优美、经济效益显著、具有国际竞争力的农业清洁生产企业。在总结经验的基础上，组织编制农业清洁生产技术指南和审核指南，重点是改进种植和养殖技术，实现农产品的优质化、无害化和农业生产废物的资源化，禁止有毒、有害废物用作肥料或者用于造田，加强农药、化肥和规模化畜禽养殖污染防治，控制农业面源污染。

（3）服务业清洁生产

以物流业、信息服务业和文化创意业为重点，在酒店、饭店、商场、超市和风景名胜区、农庄等推行清洁生产，创建一定数量的服务业清洁生产企业，并逐步推广经验。同时，鼓励服务业企业开展清洁生产审核和ISO 14000认证，推进节能、节水的技术改造，严格限制过度包装，减少一次性产品的使用，推进生态旅游，加强生态旅游区的开发、建设和保护。

（4）建筑业清洁生产

重点开发完整的住宅产品体系，实现科技含量高、资源消耗低、环境污染少、各种资源优势得到充分发挥的住宅产业现代化发展目标，引导和鼓励开发企业实施工业化住宅，选择具有一定实力的企业做好住宅工业化项目，有序推进住宅产业化进程，逐步淘汰高能耗、高耗材的落后工艺，改善建筑工地的施工环境，将清洁生产审核作为建筑评比的一项重要内容，构建和谐人居和可持续性住宅产业。同时，选择一定数量的公共机构开展清洁生产审核，创建一批清洁生产公共机构，重点从现有照明、给排水、供冷、垃圾分类回收等设施改造入手，对公共机构进行清洁生产审核，提高办公人员的清洁生产意识。此外，积极鼓励政府采购清洁生产企业的产品，建设能耗、统计监测体系，狠抓节水、建筑节能和车辆节油等。

3.3.2.2 具体措施

（1）加强清洁生产审核，大力推动企业实施清洁生产

地方政府应在坚持自愿性清洁生产审核与强制性清洁生产审核相结合的原则的前提下，推动企业清洁生产；通过财政补贴、税收优惠、信贷扶持等措施，鼓励企业自主实施清洁生产。享受资源综合利用减免税的企业，应按照有关要求进行清洁生产审核，并提交清洁生产审核报告。

对于污染物排放超标或超总量的污染严重企业、使用或排放有毒有害物质的企业，地方政府应根据《中华人民共和国清洁生产促进法》，每年依法公布强制性清洁生产审核企业名单，并督促列入强制性清洁生产审核名单的重点企业开展清洁生产审核工作。对于重点区域、重点行业、重点污染源，地方政府要进一步加大监管力度，推进强制性清洁生产审核工作的全面开展，有效削减污染；对于已公布在名单上的企业，地方政府应加强指导和监督，促进其加快完成审核工作，将企业清洁生产方案实施情况纳入日常环境监督管理。

（2）加强监管，规范技术服务单位和专家库的管理工作

第一，规范技术服务单位的管理，制定技术服务单位管理办法。应对培训上岗的技术服务单位分行业管理，依法建立准入制度和淘汰制度，建立清洁生产技术服务单位考核制度，加强过程监督和审核质量评估，使技术服务单位逐渐走向专业化、产业化和规模化，为企业开展清洁生产提供高效、专业化的服务。

第二，建立一个涵盖各行业的清洁生产专家库，甄选一批专业功底深厚、能够承担清洁生产宣传、培训及技术推广工作的专家。对专家库里的专家建立入选制度和退出制度，分行业建立相应的专业委员会。

（3）加大培训力度，提高相关人员的清洁生产知识

地方政府应完善长效性、开放性的清洁生产培训体系，如定期举办清洁生产审核师培训班，或者依靠清洁生产网络培训体系，以远程教育的方式举办清洁生产审核员培训班。地方政府还应建立清洁生产继续教育制度，分行业举办清洁生产行业指标体系培训班，宣传行业清洁生产评价指标体系和清洁生产标准。

对于政府公务人员，应有步骤、分类别地对其进行系统的清洁生产培训，提高其清洁生产知识水平，在行政管理层面普及清洁生产管理意识，并融入政府经济、产业、环境和资源管理的各项政策中。

对于企业管理人员和普通员工，应建立政府主导与资助下的企业清洁生产培训制度，分行业、分层次推进企业管理人员和普通员工的清洁生产培训，使其掌握清洁生产知识，形成清洁生产观念。

（4）提高科技研发能力，促进企业清洁生产技术创新

地方政府应构建清洁生产技术研发和推广体系，鼓励重点行业、生态园区建设一批清洁生产技术研发中心。地方政府还应结合高校、科研院所的科技开发优势和企业的生产经营优势，开展重点行业清洁生产共性技术和关键技术研究和推广，形成具有自主知识产权的科技成果和产业。

（5）加大扶持力度，建立清洁生产投融资机制

第一，应建立长效的表彰奖励制度，对自主开展清洁生产并取得良好成效的企业进行奖励，同时对削减污染和节约资源的清洁生产重点项目进行支持。

第二，应完善担保机制，促进银行对清洁生产项目，特别是对中小企业清洁生产项目的投资。

第三，应探索多元化融资渠道，在国家政策允许和条件成熟的情况下，引进各类民营资本和风险资本进入清洁生产项目投融资市场。

第四，应充分发挥政策性银行的作用，选择一定数量的获得"清洁生产企业"称号的企业作为示范试点，将国家政策性银行的贷款向清洁生产的领域倾斜。

（6）先行先试，建立生态园清洁生产示范区

第一，以生态园区为清洁生产示范区，吸引国际节能环保、高端制造、现代服务等高端产业和国内外知名研发机构集聚，建设生态产业和科研基地。对此，应促进生态园区环境管理一体化建设，采用统一的、适度从严的环境管理标准，并建立一体化的监督体系，以现有机构为依托，建立生态园区的清洁生产技术研发体系。

第二，以生态园区为核心，构建清洁生产国际交流与合作体系。对此，应加强与国外在生态城市改造和生态园区规划、节能环保产业、能源环境技术节能生态示范建筑，职业教育和人才培训、投融资服务等方面的合作，加强与国外在海洋科技、新能源、新材料、生物技术和信息网络等领域的合作。

第三，围绕清洁生产管理、清洁生产技术与工艺、资源综合利用

等，在资金、技术、人才、管理等方面积极开展国际交流与合作。对此，应拓宽利用外资渠道，积极利用国际组织的贷款或赠款；应制定产业导向和优惠政策，鼓励外资投资清洁生产项目，引进清洁生产技术和设备，设立清洁生产研发机构，积极开展有关项目的合资合作。

3.4　水生态保护体系

3.4.1　水系生态整治

水系整治以河、海岸线为线，以水域为中心，在满足规划区城市水系防洪标准的基础上，拓宽水面面积，建设绿化带，打造生态自然、风景宜人的水景观，增加河流水系的城建配套、环保、生态、休闲等功能，构建生态、人文、和谐、可持续的健康水系，最终实现"行洪安全，供水安心；水质清洁，生态健康；景观优美，亲水宜人"的目标。水系整治主要包括河道整治、水库整治及景观建设。

3.4.1.1　水系生态整治的原则

水系发挥着防洪、排涝、供水、涵养生态等作用，是一个城市历史文化的载体，是城市灵气的所在。在过去的水系综合治理中，人们往往只注重水系泄洪、排涝、航运的功能，但随着时代发展，水系的景观、休闲、生态等功能逐渐引起人们的重视。当前，水系综合治理必须符合流域总体规划与沿岸地区的发展规划，在保障防洪安全前提下，规划方案应结合生态建设，考虑上下游、左右岸关系，体现现代城市对水资源的多样需求，做好不同区段、不同对象的规划。综上所述，水系生态整治需要遵循以下原则。

第一，遵循法律、自然规律和社会经济规律的原则。水系生态整治必须依据国家及地方相关法律、法规、条例及技术规范与标准，按河道不同水功能区要求进行整治，遵循自然规律和社会经济规律。

第二，系统保护与建设的原则。水系的生态整治应对河道系统整体进行规划，将其融入社会建设中，系统保护、合理利用与协调建设相结合的原则，严格遵循上游、中游、下游的治理顺序。❶

第三，确保城市防洪安全原则。河道水利工程的首要目的是满足防洪，保证行洪安全。根据《中华人民共和国防洪法》的规定，开发利用和保护水资源，应当服从防洪总体安排，实行兴利与除害相结合的原则，禁止在河道、湖泊管理范围内建设妨碍行洪的建筑物、构筑物以及种植林木和高秆作物。

第四，注重自然形态的原则。自然形态的河道往往是蜿蜒曲折的，因而河道的生态建设要大胆地拓宽改造，恢复自然线形。同时，河道的生态建设应尽量避免人工化的处理手法，减少硬质材料的使用，多使用生物材料或生态材料和工艺，如生态护坡材料的运用。河道的生态建设还应体现自然野趣，通过绿化植物的搭配，乡土景观的融入，创造宜人的原生态景观。

第五，坚持生态平衡、物种多样性的原则。任何一条自然河流或水库是在自然界长期作用下形成的，具有其存在的合理性，它包含着丰富的生物多样性，对人类生存环境具有十分重要的意义。河道生态系统的规划设计必须尽可能不破坏原有的生态系统，并使遭破坏的生态要素得到恢复，恢复河道的生态平衡与物种多样性。

第六，可持续发展、永续利用的原则。建立完善的河道生态系统，使其具有自我维护、自我调节和自我组织的功能，在人们投入较低的管理与运行费的前提下，通过植物降解水体污染，保证水质清洁。同时，可以利用河道动植物的经济价值和观赏价值进行适度的商业开发，利用水资源、生物资源服务地区经济建设，开展休闲旅游项目、科研与科普教育活动。此外，可以根据可持续发展的需要，对周边建设项目严格限制，把对环境影响控制在允许的最小范围。

---

❶ 岳建华. 鲁西平原区中小河流水系生态整治措施与探讨 [J]. 城市建设理论研究：电子版，2021（20）：2.

第七，保护历史遗迹和继承历史文化的原则。人类社会因水而发展，许多名胜古迹因水而存在，因而在河道生态建设中要保护具有历史意义的场所或古迹，保留河道独特的个性符号。与水相伴而生的水文化往往是一个地区历史文化的折射，因而规划者要认真研究河道的水文化，对当地的历史文化传统等做出总结，利用现代的设计手法将其融入河道生态建设中，使其具有时间上的连续性。

3.4.1.2 水系生态整治的思路

河道平面岸线应当尽量保留原有河流的自然形态，杜绝整齐划一的单调渠化、直线化河道，恢复河道岸线的蜿蜒性。

河道断面应当恢复不规则的形式，人为制造一些河道的浅滩与深潭，从而使水流的形态富于变化，为生物营造丰富的水生环境。

河道滨水区，即水位变幅区、护坡、堤岸，要严格控制土地利用性质，并保证一定的兼容性。滨水区绿带建设要保证一定宽度的绿化用地，以植物造景为主，形成一条连续的绿色走廊，以保证河道生态系统的连续性。同时，绿带可以保证河道具有抵御洪水冲刷的能力。国内外研究实践表明，滨岸缓冲带是截留陆域面源污染物、改善河道水质的有效手段。河道两侧的缓冲带既为动植物提供了生存空间，也阻挡了化学杀虫剂和肥料流入河道，起到保护河水的作用。

两岸用地条件允许的城市河道应尽量建设斜坡型护岸，非城市化地区的河道应逐步改造为斜坡型自然护岸，通过增加过水断面，确保防洪排涝功能的实现。有条件的河道，在满足防洪排涝要求的前提下，可以调整水系、开挖湖面，以增加河道的水面率和蓄洪能力。

河道两侧道路规划首先应与地区道路系统的相互衔接，保证通畅和便捷，争取把森林、山野、市中心连接起来，满足城镇居民接触大自然的需求。为最大限度地保护河道生态系统和景观，应尽可能地将机动车道外移，减少对水生动植物的影响。

机动车道根据用地状况，宽度应控制在4～6米，道路平曲线应规划为流畅的自由曲线，以充分体现步移景异的效果。非机动车专用道可在有条件的河段设置，如被开发为休闲旅游的河段，一般为3米，以供游客观光所需；滨河步行道一般应控制在2米以下，方便人们的观光游览。路面应尽量选用渗透性好的铺装，让雨水及地表排水尽可能地渗入地下。水库特别是饮用水水源型水库一定要防治水污染，上游建设防护林、前置库等，对来水进行截留、净化，以保证入库水质。

总的来说，通过河道生态整治，可以涵养水源，保持水土，改善水质，营造景观，在规划区实现"水清、河畅、堤固、岸绿、景美"的河流水系，使水生态环境明显改善，水环境承载能力显著提高，水资源安全保障不断增强，达到人水和谐相处的目的。

3.4.1.3　河道生态整治

（1）河道平面整治

对于郊区河流和目前尚未整治开发的自然河道，应尽量保持其天然蜿蜒的形态，因势利导地保护河流两岸。对于已经直线化的人工河道，应依照自然规律，利用生态工程技术适度恢复部分自然岸线与河床，形成蜿蜒曲折的自然线形，丰富水流形态，为水生植物创造丰富的水环境。

平面岸线的改造建议采用半挖半填的施工方法，就地取材，将挖方用于填方，土方材料的就地利用不仅能大大降低投资，还有利于恢复河流的天然属性。河道的平面形态改造应结合河底、坡脚、岸坡的整治，统一开展，由于工程较为复杂，涉及面广，工程量大，建议分阶段实施。近期，先在土堤河段和新建堤段开展，对硬化河道暂缓实施。远期，随着硬化材料老化，对硬化河道岸坡整治的同时改造平面岸线。

（2）河道断面整治

河道断面处理的关键是既要保证河道常年有水，又要保证河床能够应付不同水位、不同水量，还要提供理想的开敞空间环境，具有较好的亲水性，适于休闲游憩。因此，河道横断面宜采用复式断面。复式断面可以因地而异，不必强调对称，在枯水期时，流量减小，水流归主槽，能够为鱼类提供基本生存条件；在洪水期时，流量增大，洪水可以漫滩，允许高潮位或高水位和小洪水淹没某些岸边设施，过水断面变大，洪水位较低，可不必建高大的防洪堤。此外，漫滩地具有较好的亲水性，适于休闲游憩，也是城市中理想的开敞空间环境。次槽尽量采用缓坡，可以在保证土壤安歇角的同时，方便护岸工程的施工，具有很好的亲水性和开敞性。

（3）河道岸坡整治

基于对生态系统的认知和保证生物多样性的延续，应以生态为基础、安全为导向，对河道岸坡实施生态护坡，尽量减少对河道自然环境的损坏。常见的生态护坡主要有3种类型，即自然原型护坡、自然型护坡和人工自然型护坡。

自然原型护坡大多呈缓坡，不需要过多的人工处理，对于坡度缓或腹地大的河段，可以考虑保持自然状态，配合植物种植，以达到稳定河岸的目的，一般在城郊河段、自然保护良好的范围内使用。

自然型护坡不仅种植植被，还采用天然石材、木材护底，以增强堤岸抗洪能力，适用于较陡的坡岸或冲蚀较严重的地段，以及城镇人口聚集区的小型河道。

人工自然型护坡主要采用钢筋混凝土、石材等材料作为构件，结合自然生态堤岸，确保防洪或大量人流活动的要求，适用于防洪要求较高且腹地较小的河段。

总的来说，对于生态护坡类型的选择，需要综合考虑河道的自然状态、现状条件、周边环境、区位要求等，在满足防洪需求的同时，形成多样的滨水景观。可将河道分为城镇中心河道、城郊河道、山区河道3种类型，分别介绍适宜的生态护坡形式。

①城镇中心河道

城镇中心河道是指流经主城区、工业核心区及乡镇中心所在地等城镇人口聚集区的河道。这些河道两岸人口密集，工业集中，防洪压力大，因此城镇中心河道对堤防的安全性要求非常高，需要在保持河脚、岸坡安全稳定的前提下，进一步考虑生态环境要求，重点河岸还要考虑生态环境景观效果。城镇中心河道是承担社会公共空间载体功能的，表现出集游憩、休闲、娱乐、健身、文化等为一体的多功能复合的空间，不仅可以让人参观游览的，还可以供人使用，表现出亲和、共享的特性。

对于城镇中心河道，在断面、岸坡以及景观形式选择上，需要注重开放性、亲和性和可达性。城镇中心河道又可分为未硬化河道和硬化河道两种类型。

第一，未硬化河道。未硬化河道适合选择人工自然型护坡，根据需要堤岸采用硬质材料，形式简单，通过景观的手法进行柔化处理，如设置小品、竖向设计及植被绿化等，可以使堤岸更倾向于自然生态。

对于河道内水位变化较大，堤防防洪作用重要的未硬化河道，堤岸可以分层处理，形成不同标高的平台。平台可以根据实际情况处理成活动场地或者为绿化带，若周边可利用腹地较大，推荐选择缓坡式亲水堤岸，扩大沿河绿带，形成良好的视觉效果；若周边可利用腹地较小，可以设计成台阶式或后退式堤岸，结合沿河小广场、城市公园，增加城市集中活动场所，后退式堤岸的二级台阶挡墙可以结合浮雕景观，营造水文化氛围。

对于水体的水位高程可控制，堤岸的防洪作用不明显的未硬化河道，同时人流活动较多，要求有较多的亲水空间，可以采用块石构筑的硬质堤岸，堤岸标高与湖面接近，同时利用花坛、树池、小品等手法营造亲水的空间，这种类型堤岸不能忽视其安全性，可采用栏杆或降低近堤岸的水深来保证临河安全。人工自然型护坡材料方面主要是选择生态混凝土作为基底，制成生态砖或在模具中浇筑，其上种植植物，具有较好的抗冲刷性、稳定性和生态性。生态砖是近年使用较多、效果较好的一种人工自然型护坡，尤其适用于坡脚的防护。生态砖自身具有透水性可解除背面的水压和土压，不会出现堤坝变形和塌陷。这种构件砌筑的墙式护岸工程，既保持了原有的防护功能，又具备了生态系统的基本功能。

对于河道坡面较长、安全防护和生态恢复要求均较高的场合，可以选用石笼—绿化混凝土复合构件，坡脚采用覆土石笼，采用当地石材制作石笼箱作为模具，铺设在待防护的岸坡上，在石笼箱内浇筑生态混凝土，植物可生长面积达到100%，且施工简便，经济可行，自然适应性较强，生态修复效果较好。

第二，硬化河道。硬化河道在城市的防洪、除涝、引水等方面已经发挥了巨大的作用，拆除会对两岸人民生活和经济活动产生较大影响，而且资金投入较大，提高了生态修复的成本，现阶段拆除并不现实。近期，可以用植被掩盖硬化岸坡，即在传统浆砌石、混凝土硬化的岸坡表面覆土植生，既能起到截留陆城面源污染的作用，也能改善水岸生态系统和岸边景观。远期，随着护岸的硬化材料老化，可对硬化材料逐步拆除，选择稳定抗冲、生态友好的人工自然型护坡，同时对河道岸线、断面进行综合整治，形成生态河道。

对于硬化直立岸坡，为保证岸坡稳定和较高的防洪标准，可以采用一种生态治理方式：用水体掩盖硬化岸墙，根据地形、地势，适当削除部分混凝土挡墙，内侧再建硬质挡墙，保证抗冲刷强度，其间敷设人工母质❶，营造浅水湾，岸坡恢复成缓坡，加强植被修复。水面上看不到混凝土的痕迹，缓坡部分尽量直接入水，利用生态砖、生态袋护岸材料蜿蜒地至水边，形成形态多变、宽窄不一的浅水湾种植带，接近水边的一些地段增加亲水平台，突出水景设计，掩盖堤防特征，形成水面到岸坡的绿色过渡。

②城郊河道

城郊河道是位于城市近郊地区的河道。这类河流多为饮用水功能区，是连接水库、饮用水水源地与城市核心的重要纽带，河道周边的经济开发较少，水质保护尤为重要。此类河道整治应尽量恢复河道天然状态，宜选择自然型护坡。自然型护坡宜采取自然土质岸坡、自然缓坡，主要在坡脚采用石笼、木桩或浆砌石块等护底，其上筑有一定坡度的土堤，斜坡种植植被，以增强堤岸的抗洪能力，同时为水生植物的生长、水生动物的繁育、两栖动物的栖息和繁衍活动创造条件。这种护坡类型使用当地材料，工程造价低，环境适应性好，且兼顾环境效应和生物效应。

在应用草皮、木桩护坡时，也可以运用生态袋护岸，生态袋采用100%可循环使用的聚丙烯材料制成，原材料可满足拉伸强度、撕裂强

---

❶　母质是地表岩石经风化作用使岩石破碎形成的松散碎屑。人工母质是人造的仿似自然界母质的一种具有透气性、透水性的物质。

度及抗紫外线强度等各种强度要求，不受土壤中化学物质的影响，不会发生质变或腐烂，不可降解并可抵抗昆虫和鼠害的侵蚀。在生态袋内装土，可形成0～90°自由变化的岸坡。在生态袋上播种黑麦草、高羊茅等草种，郁闭度可达到95%以上，与土质岸坡的绿化浑然一体。这样一来，既抗冲刷，又能长出绿草，还能增加水生动物生存空间，为其提供栖息、产卵、繁衍、避难的场所，从而更好地形成河流生物链。

③山区河道

山区河道一般位于城市的远郊，是在山野地带的河道。此类河道周边人口稀疏，大多为种植用地，河道自然形态保存良好，宜采用自然原型护坡。通过面层种植植被或铺设细沙、卵石，形成草坡、沙滩或卵石滩保护堤岸，再选择柳树、水杉、芦苇、菖蒲等适于滨水地带生长的植被种植在堤岸上，利用植物的根、茎、叶来固堤，可以保持堤岸的自然特性。这种护坡最接近自然状态，生态效益最好。

山区河流具有河床坡降陡、洪水暴涨暴落的特点，高水位历时短，流量集中，流速大，对沿河堤坝、农田冲刷严重，宜采用防冲不防淹的矮胖堤型设计，同时保护区下游堤段开口，还河流以空间，给洪水以出路，允许低频率洪水漫坝过水，确保堤坝冲而不垮，农田冲而不毁。

对于乡村田间河道，除个别冲刷严重河岸需筑堤护坡外，应尽量维持原有的自然面貌，保持天然状态下的岸滩、江心洲、岸线等自然形态，维持河道两岸的行洪滩地，保留原有的湿地生态环境，减少由于工程对自然面貌和生态环境的破坏。

3.4.1.4　河道水质维护

（1）截污导流

在河道综合整治的诸多方法中，截污导流作为一种从根本上定位和改造影响水系的源头污染的方式，是改善水质最直接、最有效的措施。为了保证河道水质，沿城区河道两侧应设置截污暗涵，将城区生活污水、工业废水、雨水等分区截留，并引流至污水处理厂。经过处理后，达标的水或生产利用，或排回下游河道，作为河道景观用水。

（2）保证河道内生态用水

目前，由于社会经济用水的膨胀，挤占了原本属于河道的生态用水。在水资源优化配置中，应充分考虑河道的生态需求，通过河道拦蓄工程蓄水或周期性对下游河道放水，以确保河道最小生态需水全年均能保证，提高河道生态补水的优先级别。

此外，应充分挖掘中水回用和雨洪资源利用的潜力，增加城区河道的生态水源。可以通过实现排水雨、污分流，兴建污水处理厂、再生水厂等措施，加大污水治理力度。污水经过深度处理后，水质达到一定的标准，可以回用于河道，作为景观用水。沿河步道可以采用透水砖、嵌草青石板、汀步石等透水路面做法，有效利用雨、洪资源。还可以建设合理的雨水管网，对地表径流和降水进行收集和储藏，然后通过多重过滤净化，用于观景池或绿地灌溉，以达到重复利用的目的。

（3）生态清淤

长期淤积的底泥会向水体释放污染物、营养物，为减少底泥对水质的不利影响，同时恢复河道过水断面，改善河流水环境和水生态，要对河道底泥进行清淤。对于枯水期断流的河流，可以利用枯水期彻底清淤，或采用筑坝抽干水体彻底清淤。在不能够实现彻底清淤的河道，应选用合适的水下施工的机械设备清淤。淤泥年年生成，清淤要分阶段持续进行。第一轮要完成全面清淤，此后持续清淤，城镇河道每8～10年清淤一次，农村河道每10～15年清淤一次。

（4）植被净化

植物净化技术是目前河道生态建设中最低碳环保、最高效的净化技术。常见的措施是在河道的驳岸、河道水位变幅区、水中等种植各类植物，形成立体河岸防护带。植物不仅可以降低流向河道污染物的毒性、有效吸收水中富余营养物质，降低水体富营养化及污染程度，净化水质，还可以固土护坡，通过增加降雨渗入量而增加土壤湿度，降低风力对土壤表面的侵蚀，同时延缓地表径流速度，降低坡面径流的侵蚀影响。

河道绿地系统以河道生态修复为主导，兼具乡土景观特色、观赏游憩功能及生态系统稳定性。对于城镇河道，应选择持水能力强，根系发达，固土能力强，有较强吸污和防污能力的枫杨、垂柳、芦苇等植物。在城区空气污染严重的河段，沿岸大多种植悬铃木、泡桐、白杨、垂柳、雪松等大型乔木树种，增强绿地和植被吸收有害气体、阻滞粉尘、消音减噪的能力，从而减轻环境污染对人体的危害。对于非城镇河道，应选择耐水湿，根系固土能力强的水杉、金丝垂柳、栾树等植物，形成亲水型、观赏型、保健型、文化科普型相结合的滨水绿地系统，同时以野花、野草代替整形树和草坪，营造自然生态景观。

（5）河道曝气

对于河水受到严重有机污染的河道，在适当的位置向河水进行人工复氧，可以增加水体的溶解氧，避免出现缺氧或厌氧河段，使整个河道处于好氧状态。有些人工曝气装置还能营造喷泉景观，一举两得。对于一般河道，可以充分利用水的自然落差，通过设计跌水，让河水最大限度地循环流动，增加水体曝气，这样既净化了水体，又形成了较好的立体水景观效果。

（6）人工湿地净化系统

根据废水径流的方式，人工湿地可以分为3种模式：表面流湿地、潜流湿地和立式湿地。其中潜流湿地是国内外应用较为广泛的人工净化系统。

在潜流湿地系统中，污水在湿地床的内部流动，一方面可以充分利用填料表面生长的生物膜、丰富的根系及表层土和填料截流等作用，提高人工湿地的处理效果和处理能力；另一方面由于水流在地表以下流动，具有保温性能好、处理效果受气候影响小、卫生条件较好的特点。这种工艺利用了植物根系的输氧作用，对有机物和重金属等去除效果较好，但控制相对复杂，脱氮除磷的效果欠佳。在污水处理厂出水口或者雨水收集地出水口，可以结合水景观设置潜流湿地，对出水进行深度处理，提高河道水质，营造立体、丰富的水景观。

3.4.2　水库生态修复

3.4.2.1　控制水库源头

水库污染的主要原因之一是水库上游的来水污染物超标。由于上游工业企业废水的排放以及农业上农药化肥过度施用，致使残留的、未被利用的农药、化肥随雨水的流入，再加上生活污水的排入，导致水库上游水质中总氮、总磷和高锰酸钾指数等相关理化指标上升，水质恶化。对此，从水库源头入手进行控制成为关键。

水库主管部门应与环保部门加强合作，密切关注水质的变化，为应对水质污染采取相应措施提供保障；定期检测水库水质指标，观察水质变化趋势。当库区水质受到污染时，水库管理部门可以考虑实施截流或者停止相关水域流入水库。当前最典型的控制方法为前置库技术。前置库技术即污水入库前，凭借前置库延长污水停留时间，促使污染物质通过沉淀、降解和水体的自净能力，使水质污染降到较低水平。

在工业方面，环保部门可以对工业企业进行监督管理，要求工业企业更新处理工艺及设备，提高污水处理能力，强化和稳定其运营效率及效果。工业企业可利用微生物将废水中的污染物降解转化为某种不易分解的化合物；可以通过向土著菌群中投加具有特殊降解作用的微生物，有效地改善难降解有机物的生物处理效果和污水处理设施在极端环境条件（如低温条件）下的运行稳定性。

在农业方面，水库管理部门要加大科技投入，在库区上游可以推广生态农业、有机农业，根据土地情况，减少化肥、农药的施用；可以建设废水池收集废水，采用过滤、沉淀、曝气、絮凝、络合及微生物降解等物理、化学和生物手段，减少农业废水和污染物排入水库，减轻水库污染压力；可以借鉴和利用循环水系统等先进技术手段，既有利于节水减排，又有利于减少农业污水流入水库，防止水质恶化。

在生活方面，环保部门要推进污水处理厂的建设，把城市和农村的污水集中处理，以减轻污水对水库生境的影响。例如，可以通过絮凝、过滤等技术手段去除杂质和悬浮物，然后运用微生态制剂，在无氧或有氧状态下相互转化，降低水中污染物含量。

3.4.2.2 加强库区周围生态环境建设

要加强在水库周围进行植树造林工作，增加当地植被覆盖率。这样不仅有利于水土的保持，而且对水质修复也具有重要的作用，植被的扩大，还可以吸收土地中的氮、磷元素，促进植被的生长。植被吸收氮、磷后，可以减少地表中的氮、磷元素通过降水或其他形式流入水库库区中，抑制总氮、氨氮等含氮物质以及总磷、磷酸盐浓度的升高，保证水质的清洁。不仅如此，扩大库区林地面积，在周边形成有规模的植被，可以形成水质保护一道天然屏障。这样可以减少悬浮物进入水体，增强光的穿透力和促进水体的自净作用。

3.4.2.3 库区内水质净化

（1）水生植物对水质的净化

水生植物在生态修复中扮演着重要的角色。水生植物可以遏制沉积物的动力悬浮过程，同时可以吸收水体与沉积物中的营养盐，降低营养盐负荷。水生植物通过根茎等部分吸收水中营养元素，促进自身生长，当水生植物被移出水生生态系统时，被吸收的营养物质和过量元素随之从水体中输出，从而实现了水体环境净化、水生生态修复的目的。此外，水生植物可以减少营养元素的溶出，并且可以促使库区中悬浮物的沉积，降低水体浊度，提高透光率。光合作用也是水生植物必不可少的作用之一。水生植物可以在光照的基础上，吸收水中的二氧化碳，增加水中的溶解氧。溶解氧的增加，更好地作用于好氧生物，它们通过分解有机物，更好地促进库区水质质量的提高。

（2）微生态制剂对水质的净化

库区水体中原本存在一定数量的菌群，维持原有的菌群平衡。当人为施用微生态制剂，培养新的优势种群，并促使其发挥应有的功效时，会改变库区水体原有的群落状态，形成新的菌群平衡系统，改善库区水体的水质生态系统。目前，微生态制剂主要分为两大类：一类为异养菌中的腐生菌，主要作用为分解水中有机物；另一类为自养型细菌，主要作用为将氨、硫化氢等有毒物质转化为无毒物质。两大类菌类均可有效改善水质，降低水中有害物质毒性。微生态制剂可将水中有害物质转化为营养盐，促进水生植物或者其他水生生物的利用，构成一个良性稳定的水质生态环境。

（3）水生动物对水质的净化

首先要对水库进行水生生物资源调查，根据浮游生物的生物量，计算水库渔业生产力，然后据水库水体生态情况，依照"以水养鱼、以鱼净水"的原则，按比例、按规格投放不同种类的水生动物。水生动物对水质的净化，主要是以食物链（网）的形式出现。因此，可以根据水体实际情况，并借鉴其他地方的养护经验，筛选出需要养护的水生生物。例如，部分滤食性鱼类可以滤食水中浮游生物，保证浮游生物在合理范围，提高水体透明度；杂食性鱼类可以摄食有机物和碎屑，保证底部水质的稳定；部分肉食性鱼类可以摄食水体中的病鱼、死鱼，防止水质恶化和病菌的扩散。

通常用于淡水水质净化的鱼类有鲢和鳙，其中鲢摄食浮游植物，鳙则摄食枝角类和桡足类等浮游动物。这种搭配不仅促进鱼类的生长，还可以有效控制水中浮游生物的数量，防止水体富营养化。同时，鲢、鳙等滤食性鱼类的粪便可以作为肥料、肥水，实现水体中物质内循环，促进氮、磷元素的互相转化利用，以保证水质的稳定。

3.5　水文化建设体系

3.5.1　水景观建设

3.5.1.1　城市水景观体系分类

当前，城市水景观研究内容在不断拓展，突破传统理念的园林水景范围，城市水景观体系要从区域范围来整合城市水系，不仅涵盖城市河流、湖泊、湿地，而且与水系相关的生态要素、景观要素、交通要素、文化要素等均包含于其中。构成城市水景观的基本元素不变，从不同的

学术研究角度分析，可分为不同类型。❶

（1）以景观要素分类

自然景观：包括水体、堤岸、植被、地形地貌、生物等。

人工景观：包括沿河建筑、构筑物、堤岸、码头、游步道、广场等。

人文景观：指水系空间中人的活动及其构成的景观，包括与水相关的节庆活动、历史文化等。

（2）以观景视线分类

水景观因视线的纵横、视点的高低，可分为纵观景、对岸景、水上景、鸟瞰景、断面景5种类型。

纵观景（流轴景）：从桥等沿水系方向平行眺望水面景色，两岸的建筑、树林由近及远，形成了纵深感极强的景观。纵观景可表现曲折水流的动感，一览两岸和流水的景色。

对岸景：从堤岸等处与河流向近乎垂直的方向眺望对岸方向所见的景观。对岸景看到的是水线、堤防、建筑物等横向的景物。

水上景：乘水上交通工具在水上由近处看到的河岸景观。

鸟瞰景：视点在空中较高位置，把河流的广阔范围尽收眼底的眺望方式。

断面景：视点低于水平面，以观察水下动物、植物，增强水景观的趣味性和观赏性，多见于水下隧道的实际工程。

（3）以景观地理特征分类

城市水系景观涵盖了除海岸线之外的所有地表水景观，具体可分为水域景观、过渡域景观、陆域景观3类。

水域景观：由水域的平面尺度、水生态系统及水面人类活动等要素所决定，包括河流、湖泊、湿地、水库、池塘等具体形态。

过渡域景观：岸线水位变化范围内的景观，其范围界定于水域景观

---

❶ 蒋宏彦. 城市水景观的建设与提升改造对于生态环境的影响 [J]. 中国战略新兴产业，2021（20）：30-31.

与陆域景观之间。

陆域景观：指水边陆上景观，具有多样性，包括具有近水的自然景观及人文景观。在人口稠密区，由于城市土地的高利用率，陆域景观主要表现为人文景观和人造景观。

（4）以景观的自然化程度分类

城市水景观的自然化程度可分为自然水景观、仿自然（人工）水景观、人工水景观3类。

自然水景观：未经人类干扰和开发的水景观。严格意义上说，这种未经人类干扰的水景观已经越来越少，因而自然水景观多指保持自然形态、人类干扰较少的水景观。

仿自然水景观：结合城市景观、以生态修复为主要目的的水系景观，其具有与自然水景观相似的形态特征与生态、景观功能。

人工水景观：新建或在自然水景观基础上改建的水景观，大多由人类规划并设计实施的，包括人工河湖、水库、湿地等。这类水景的明显特征表现为"三面光"的人工河道，其形态多呈几何化，与自然水景有明显差异。

3.5.1.2 水景观设计的先进理念

面对水景观的重要性和水资源的日益稀缺，在水景观设计过程中如何充分重视水的节约、保护、涵养和再生，对景观中水的要素进行优化设计，以符合可持续水景观的要求，正成为越来越多学者研究的课题。

从水的角度而言，可持续水景观设计的基本理念是：水景观的营造应满足水资源可持续利用的要求，并考虑当地的水资源条件和水资源承载能力。在缺水地区，可持续水景观设计的首先要追求是尽可能利用当地降水资源、减少外水补充来营造水景观，其次是选择经过处理的废水作为水源，在前两者还不能满足要求的情况下才从外部补充少量的新鲜水。其手段为：一是挖掘当地降水资源的潜力，二是提高水的利用率。可持续水景观设计还要求有利于水源的涵养、水质的净化，应充分保护河流、湖泊等水景观补充地下水的功能，同时水体岸坡的处理不应损害水体的自净能力,水流的设计、水生植物的布设应该有利于污水的净化。

水景观的另一个发展理念是人本化。水景观首先要赏心悦目,还应该提高与人的亲近度,尤其值得注意的一个重要方面是城市水利工程的景观化设计和改造。城市水利工程是城市水景观非常重要的组成部分。过去很多城市的水利工程,如闸坝工程、堤防工程、河道渠化工程,由于历史的局限性,往往只考虑单一的水利功能,忽略了生态、景观等多方面的功能要求。随着社会发展和人民生活水平的提高,可持续发展要求的提出,城市水利工程必须符合生态化、景观化的要求,新工程应当按新要求进行设计,已有工程也应按新要求逐步改造,还应充分认识到城市的水域、水利工程是城市的宝贵资源。

在水体防腐、防污、控污方面,应采取以下4种措施。

第一,加强水的流动性,避免水质恶化。流水不腐,增加水体的流动性可以为水体充氧,破坏水中藻类的生长环境,强化水体生态功能。促进水体流动的方法有借助水泵使水体循环流动、射流泵曝气及跌水等。

第二,对一些规模较小的水体可以采用直接加药进行净化。水生生态系统虽然脆弱,但采用投加漂白粉的净化措施后与不投药的情况相比,换水次数每年减少3次,节约了运行成本。常用的水处理药剂主要有硫酸铜、漂白粉等,但要控制好投加剂量,避免带来副作用。

第三,强化水质净化处理。在容积率较低或有自然条件可以利用的小区,可以优先考虑人工湿地处理方式或土地快速渗滤处理方式。这种系统的优点是对营养物有较好的去除效果,设备简易、运行简单,而且比较自然,可以和小区的景观设计结合,营造良好的生态环境;缺点是占地面积大,需要根据当地条件选择合适的植物,并随季节变化对植物和表层土壤进行必要的管理。

第四,控制外源污染进入水体是保障水质的重要措施。控制外源污染,首先要保证动植物残体、生活垃圾等不滞留在水中,要求物业管理人员做好清洁工作;其次要做好对补水水源水质的保障设计、水体周边径流污染控制设计等。水景观与其他景观设施的配套也是值得鼓励的方向。

3.5.2 水文化建设

3.5.2.1 水文化建设的前提

水资源短缺是制约水文化建设的"瓶颈",可以采取以下三条措施使水文化建设用水保质、保量。

(1)建设水源工程

水源工程能够把天然降水拦蓄起来,把地下水开采出来,使天然水源变成可供人类利用的潜在水资源。扩挖塘坝、整修水库、清淤渠道等工程的建设,从源头上保障水量,是水文化建设的根本前提。首先,应恢复河道原设计防洪标准,通过多级河道尽可能多地拦蓄地表径流,尤其对于年内降雨分布不均的地区要加大雨洪资源利用。其次,应配套建设生态湿地型滞洪区,既能蓄存洪水资源,还可以补充地下水。平原地区可以兴建平原水库,统筹布局开展"五小水利"工程建设。再次,应合理调整地下水开采布局,搞好回灌补源工程建设,在地质条件适宜的入海河口地区规划建设地下水库与生态湿地。最后,应积极开发利用各类非常规水源,加大海水淡化和海水直接利用力度,大力实施污水处理与中水回用,研究对矿坑排水、微咸水的合理利用。

(2)推广节水技术

推行节水技术是应对水问题的有力措施。在目前水权制度不健全、水权转让方式不明晰的情况下,通过水权转换以获取充足的水资源并不实际。尤其是在用水总量接近或超过用水总量控制指标的地区,只能通过建立节水技术指标体系、推广农业节水灌溉技术、加大工业节水技术改造力度、加强污废水处理技术研究、降低自来水管网漏损等措施来满足新增用水的需求。

(3)治理水体环境

治理因污染而不能利用的水资源,既是增加可供水量的有效途径,还是创造优良环境的必然要求。一是实施生态治河,恢复河道健康。治理后的河道要能够贴近自然原生态,并具备自我净化、自我修复的能力。二是做好饮用水水源地保护,保障供水安全。饮用水源地包括地表和地下两类水源地，实施饮用水水源保护区管理范围综合整治，制订饮用水水源地安全保障应急预案。三是加强入河排污口监管，严格水功能区管理。根据《入河排污口监督管理办法》，对区域内主要入河排污口的流量和污染物排放量进行定期监测，及时掌握其污废水排放情况。

3.5.2.2　水文化建设的载体

有了水量和水质的保障，还需要依靠河道水网建设，以此打通城市水动脉，使得水文化建设有"道"可循。这个"道"狭义上是指河道湖库，广义上则是蕴含了因势利导、顺应自然的哲学思想。

水利部多次强调要构建"引得进、蓄得住、排得出、可调蓄"的河湖水网体系，提出"以完善江河流域防洪体系、优化水资源配置格局为重点，按照'确有需要、生态安全、可以持续'的原则，在科学论证的前提下，集中力量建设一批打基础、管长远、促发展、惠民生的重大水利工程，加强突出薄弱环节建设，完善水利基础设施网络"，表明了构建现代水网的重要战略意义。所谓现代水网，是指在现有水利工程架构的基础上，以现代治水理念为指导，以现代先进技术为支撑，通过建设一批控制性枢纽工程和河湖库渠连通工程，将水资源调配网、防洪调度网和水系生态保护网"三网"有机融合，使之形成集防洪、供水、生态等多功能于一体的复合型水利工程网络体系。现代水网不仅能把不同流域、区域的河湖水系连通起来，把潜在的水资源输送配置到各个区域，还能在区域内形成小循环，开辟无水变有水、死水变活水的新局面，为水文化建设奠定重要基础。在现代水网规划背景下，有机融入独具特色的水文化元素，对满足人们精神文化需求具有重要意义。

3.5.2.3　水文化建设的环节

开发利用水资源既要考虑经济利益，又要兼顾人类用水公平，还要考虑水资源本身的生态环境维持和修复功能。所以说，水资源管理是一个极为复杂的多层次动态管理系统。工业化、城镇化进程的不断加快，对供水安全保障提出了更高要求，如果不改变现在的用水方式，部分缺水地区的水资源供需矛盾势必进一步激化。加之近年来极端天气事件频发，未来的供水安全保障工作将面临更为严峻的考验。自中央明确要求实施最严格的水资源管理制度以来，根据各地实践经验可以认识到：只有建立最严格的水资源管理制度，严格限制不合理用水需求，才能实现水资源的可持续利用，才能支撑和保障经济社会的可持续发展。这就要求各地必须严守"三条红线"，坚持用水总量控制、用水效率控制、水功能区限制纳污、水资源管理责任与考核"四项制度"；各地要因水制宜、量水而行，优化经济布局，调整产业结构，转变发展方式乃至生活方式，以保障水资源更新周期内的天然可再生能力，实现水环境的合理脉动。

3.5.2.4　水文化建设的渠道

水文化建设要进农村、进城市、进工厂、进社区、进学校，引导人们自觉遵守水法规，逐步形成符合生态文明建设要求的水资源开发利用模式，建立有利于水资源可持续利用的社会制度和生产生活方式；要引导公众积极参与和支持水利规划实施，形成全社会珍惜水、节约水和保护水的良好氛围。在水文化队伍建设方面，要明确有领导分管和有专人负责水文化建设工作，把水文化建设融入当地水利改革发展顶层设计之中。在水文化宣传方面，要规范水文化宣传流程，重视教育机构在水文化传承与传播中的作用。总之，水文化建设涉及的源多面广，有效的公众参与机制有利于提高区域水利建设、水资源管理决策的可行性和执行的有效性，以此确保水文化建设落到实处。

3.6　水管理建设体系

3.6.1　最严格的水资源管理制度

3.6.1.1　最严格的水资源管理制度内涵

最严格的水资源管理制度是以水循环规律为基础的科学管理制度，

是在遵守水循环规律的基础上面向水循环全过程、全要素的管理制度；最严格的水资源管理制度是对水资源的依法管理、可持续管理，其最终目标是实现有限水资源的可持续利用；最严格的水资源管理制度旨在提高水资源配置效率的管理，水功能区达标率的提高是水资源优化配置的必要条件，而用水效率的提高是水资源配置效率提高的外在体现。

3.6.1.2 实现最严格的水资源管理制度需要的科技支撑

（1）完善的水文工作基础

水文工作在实行最严格的水资源管理制度工作中占据重要的地位，对实行最严格的水资源管理制度具有重要的科技支撑作用。其主要表现为：最严格的水资源管理制度主要目标的考核需要依靠水文行业扎实的基础工作；地表水、地下水的水量、水质监测，是实行最严格的水资源管理制度"三条红线"的重要基础工作；突发水污染、水生态事件水文应急监测，是健全水资源监控体系，全面提高监控、预警和管理能力的重要组成部分；防汛抗旱的水文及相关信息监视与预警，是提高防汛抗旱应急能力的重要基础；水文及水利信息化建设，是现代水利信息化建设的重要部分，是实行最严格的水资源管理制度的重要基础；最严格的水资源管理制度关键科学问题的解决，更需要水文科学的支持和广泛参与。

（2）高效的水资源调度能力

最严格的水资源管理制度的核心之一是建立水资源开发利用控制红线，严格实行用水总量控制，这意味着最严格的水资源管理要从取水源头出发，从取水总量上进行第一步的"最严格"控制。我国国情和水情共同决定了水资源的时空分布不均，严重影响了水资源的开发利用以及居民的生产生活，这也是出现地下水超采以及局部水资源供应紧缺的根本原因。水资源调度作为改变水资源天然时空分布不均的有效途径，能够起到实现流域水资源合理配置的作用，是落实用水总量控制方案的重要抓手，也是实行最严格的水资源管理制度的基础性工作。因此，提升水资源调度能力是实施最严格的水资源管理制度的必然要求，是最严格的水资源管理制度快速和有效实施的重要支撑。

（3）准确的用水总量控制模型

最严格的水资源管理制度提出用水总量控制和定额管理相结合的制度，但是总量控制与定额管理的研究还未形成体系，不同层次总量控制与定额管理在具体指标的编制、实施、核算、优化、调控等过程缺乏科学依据，因此难以保证制度实施的科学性和合理性。目前水资源用水总量控制指标的确定方法存在大量主观因素的干扰，缺乏系统性、科学性。实践证明，基于"自然—社会"二元水循环理论的用水总量模型能很好地协调各方面限制因素，达到科学控制用水问题的目的。它在科学评价流域（区域）水资源量、水资源可利用量的基础上，综合考虑了经济、社会、生态、环境的用水需求，通过多目标决策分析将水资源合理分配到经济社会的各个部门，确定了流域（区域）各发展阶段的用水总量控制指标，从而为取用水总量控制和定额管理、为最严格的水资源管理的高效实施提供了强有力的支持和促进。

（4）精确的用水效率控制

最严格的水资源管理制度的"三条红线"分别控制的是取水、用水和排水环节。用水环节作为中间过程，用水效率控制目标的实现直接关系到用水总量控制目标的实现，并且与废污水排放量、水功能区水质达标情况有很大的相关性。用水效率控制是与具体用水行为关系最紧密、效果最直接的管理手段，因此严格控制用水效率是实施最严格的水资源管理制度的关键环节。基于分级控制的用水效率控制能够更精细化地管理水资源，在用水效率控制红线的基础上，进一步细化为"红""黄""蓝"三条线，加强对用水效率的控制力度。对用水效率进行"红""黄""蓝"三条线的分级控制，可以将原有的单一控制指标进一步细化，一方面为用水效率的监控提供明确的划分标准；另一方面也增加了用水单位提高用水效率的积极性，还能促进最严格的水资源管理制度的有效实施。

（5）合理的水功能区限制纳污指标体系

水功能区限制纳污红线是以水体功能相适应的保护目标为依据，根据水功能区水环境容量，严格控制水功能区受纳污染物总量，并以此作为水资源管理及水污染防治管理不可逾越的限制。红线要求按照水功能区划对水质的要求和水体的自净能力，核定水域纳污能力，提出限制排污总量。合理的水功能区限制纳污总量体系建立所要求的关键部分就是水功能区纳污能力与限制排污总量的准确核算以及水功能区限制排污总量时空分配的确定。合理的水功能区限制纳污指标体系能为水功能区限制纳污红线的落实提供前期的基础，也能为最严格的水资源管理制度的有效实施提供必要的科技支持。

（6）先进的数字流域建设

数字流域是对流域的数字化表述，是在现有的流域数字化体现形式的基础上，运用数字化的手段来处理、分析和管理整个流域，实现流域的再现、优化和预测，对宏观与微观信息都能够比较全面、系统地掌握，从而有效弥补现有流域的运行缺陷，解决流域的现有问题，优化流域的建设、管理和运行，促进流域的健康可持续发展。总之，数字流域不仅能在计算机上建立虚拟流域，再现流域的水资源的分布状态，而且可以通过各种信息的交流、融合和挖掘，综合气象、水文、国土、交通等信息，通过数字化模拟现代化手段，提高流域水资源综合管理水平，还可以为最严格的水资源制度的有效落实和可持续发展战略的实施提供科学依据。

3.6.2 水资源监控系统

3.6.2.1 系统总体框架

水资源信息监控系统是由监控设备、传输网络、应用软件构成的集成应用系统，按照分层思想，将系统分为采集层、网络层、数据层、应用支撑层和应用层，安全保证体系和标准化应用贯穿于各个层。水资源信息监控系统的总体框架如图3-1所示。

（1）采集层

采集层是数据源硬件环境基础部分，对应系统的监测站及其辅助设施，是水资源基础设施建设中的重要部分。采集层在空间上形成了分布式的监控网络。

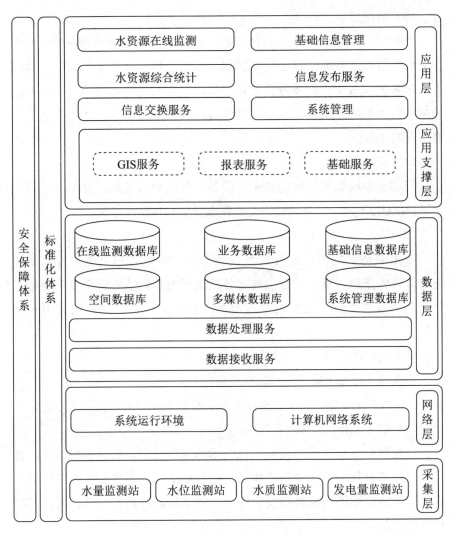

图 3-1 水资源信息监控系统的总体框架

（2）网络层

网络层是数据传输、交换、运行的基础环境，包括计算机网络系统与系统运行环境组成。计算机网络系统是数据传输平台，为RTU和监控中心之间各种信息提供可靠的传输通道；运行环境是系统需要的软硬件运行基础环境，包括操作系统、路由、服务器等基础设施。

（3）数据层

数据层是系统信息汇集的目的地，是数据存储与管理的基础，内容包括数据接收及存储。该层包括数据入库服务和数据库管理系统，数据入库服务完成报文接收及数据处理工作，数据库管理系统是利用商业的数据库管理系统完成基本信息、监测数据、空间数据库、业务数据的存储及查询服务。

（4）应用支撑层

应用支撑层提供通用的技术和服务，为应用系统提供支撑。应用平台层包括GIS平台、报表组件、功能框架提供的基础服务等。

（5）应用层

应用层是水资源业务管理者、信息服务获取者与系统实现互动的窗口。它依托应用支撑平台，构建各项水资源管理业务管理事务流程，包括基础信息管理、水资源在线监测、水资源综合统计、信息发布服务等。

（6）安全保障体系

安全保障体系为实现信息共享提供安全支持。安全保障体系包括实体安全、主机安全、链路安全、网络安全、数据安全和应用安全等方面。❶

（7）信息化标准体系

信息化标准体系综合现有信息技术的标准规范，确保系统设计、建设和运行符合相关标准的保障体系，在总体结构的各层都有相应的标准规范。信息化标准体系包括安全标准、网络标准、数据标准、应用标准和标准化管理等。

3.6.2.2 软件体系结构

集成系统的软件部分是按照分层体系结构进行设计的，系统使用Java的JSF＋Spring＋Hibernate框架，将软件内部按照层次结构分为表现层、控制层、业务逻辑层和数据访问层，业务实体贯穿各层之间完成数

---

❶ 刘敬，吕淑英，李俊清. 德州市水资源监控系统建设实践［J］. 山东水利，2021（9）：2.

据的传递。软件分层结构与"模型—视图—控制器"（MVC）的对应关系见表3-1。每个层实现应用程序某一个方面的逻辑功能，通过层与层之间的交互，形成应用程序体系架构，从而实现适应于企业级应用的功能复杂的应用程序。

表3-1　MVC与软件分层结构的对应关系

MVC	软件分层结构	
视图	应用系统	RichFaces
	地理信息系统	FLEX
控制器	服务连接器	前端控制器
	指令类组件	会话组件
模型	业务逻辑层	Spring 管理 POJO
	数据访问层	Spring 管理的 Hibernate DAO

（1）界面层设计

界面层使用RichFaces组件绘制的格式为HTML文件和使用FLEX开发格式的SWF文件。由于水资源监控、水文监控和山洪灾害监控的在线监测和历史数据查询的规则基本相同，界面除了服务水资源监控系统外，还要服务其他系统。

（2）控制层设计

系统中的控制层主要是对前端控制器托管的指令类组件进行设计。为了提高界面复用性，将处于界面层和业务层之间的指令类组件进行数据和方法的包装与转换，类似MVP模式中的Presenter（负责视图与模型的交互）。实现页面逻辑同业务逻辑的隔离。控制层由一个名为BasePage的基类和若干个继承该类的具体类组成，BasePage完成分页、导航等公共方法，具体类通过调用Service接口完成特定业务的控制。

（3）业务层设计

业务层也称Service层，在业务逻辑层对数据访问层的调用是数据访问接口的调用，然后利用依赖注入获取具体的数据对象。该层由一个名为GenericManagerlmpl的模板类、若干各业务接口及实现接口的具体类组成。GenericManagerlmpl模板类含有业务层中通用的方法模板，如数据查询、增加、删除、保存等；业务接口则定义为了完成特定业务的有关规定和约束，业务类则实现了业务接口，绑定并扩展了模板类。

（4）数据访问层设计

数据访问层也称DAO层，其职责是负责数据库的访问，也就是完成对数据表的选择、插入、更新和删除的操作。数据访问层仅含操作行为而与数据无关，将数据实体与相关的数据库操作分离，符合面向对象的精神，它体现了"职责分离"的原则。将数据实体与其行为分开，使两者之间依赖减弱，当数据行为发生改变时，并不影响数据实体对象，避免了因一个类职责过多、过大，从而导致该类的引用者发生"灾难性"的影响。数据访问层由一个名为GenericDaoHibernate的模板类、若干数据访问接口及实现这些接口的具体类三部分组成。GenericDaoHibernate建立了数据访问中常用的方法模板，用于查询、删除、判断重复、保存等操作；数据访问接口定义了业务层所需的数据及数据操作方面的有关约定，数据访问类则实现了数据访问接口，绑定并扩展了模板类。

（5）实体层设计

数据实体是用于表示数据存储中的持久对象，数据实体可以模拟为一个或多个逻辑表，内容可能来自一个或者多个数据库中的表中的字段。实体层贯穿各层，实现了层与层之间的数据传递。实体层由一个叫作基对象的抽象类及继承该类的实现类组成。基对象包括实体对象比较、序列化等公用方法，实现类包括实体对象所需的属性以及GET、SET方法。

第4章 水生态文明建设的关键技术

　　水利部明确水生态文明建设包括8个方面的主要工作内容：一是落实最严格水资源管理制度；二是优化水资源配置；三是强化节约用水管理；四是严格水资源保护；五是推进水生态系统保护与修复；六是加强水利建设中的生态保护；七是提高保障和支撑能力；八是广泛开展宣传教育。总结提出的这8个工作内容比较全面，是落实水生态文明建设的具体抓手。

　　面对新时期水利改革发展和生态文明建设的需求，要求解决一些新的基础研究、应用技术或软科学研究问题，为水生态文明各项建设内容提供关键技术。例如，在水资源配置方面，由于生态效益的经济度量尚缺乏一个统一的标准，生态效益和货币化的经济效益求和存在很大困难，只有在对生态系统为人类提供服务价值定量化的基础上，才能科学合理地在时间尺度和空间尺度上实现水资源合理分配，才能促使决策者们更多地考虑到生态系统服务的保护，从而达到水资源利用的生态效益和经济效益最优化。此外，农业节水新技术、工业节水新工艺、非常规水利用技术、污水处理新技术、水资源优化调控技术、水生态系统保护与修复技术等新技术需要创新发展，以适应水生态文明建设。

4.1 源区保护关键技术

重要的水源涵养区应建立保护区，加强对水源涵养区的保护与管理，严格保护具有重要水源涵养功能的自然植被，限制或禁止各种危害水源涵养功能的经济社会活动和生产方式。源区保护关键技术可以从涉水保护区设立与保护、农业污染防治技术、水源工程建设3个方面分析。

4.1.1 涉水保护区设立与保护

涉水保护区设立与保护是指在物种丰富、具有自然生态系统代表性、典型性、未受破坏的源头区、重要饮用水水源区、重要河湖湿地区及重要珍稀濒危水生生物分布区，建设一批新的自然保护区、国家重点风景名胜区、水产种质资源保护区等进行保护。

4.1.1.1 划分依据

涉水保护区的划分依据为：《中华人民共和国自然保护区条例》《自然保护区类型与级别划分原则》《水产种质资源保护区管理暂行办法》。

4.1.1.2 相关要求

涉水保护区设立与保护应以自然保护区建设为重点，全面提高自然保护区建设管理水平；根据湿地、水生生物等自然保护区布局，合理规划流域开发工程布局。具体要求如下。

第一，严格限制围湖造地、占填河道等改变湿地生态功能的开发建设活动。

第二，对于自然保护区或者涉水景观水源有较大影响的蓄水、引水和灌溉工程，应进行全面评估，避免加重水生态失衡。

第三，构建以自然保护区为主体，合理规划和管理自然资源，严禁过度捕捞和狩猎行为，坚决杜绝在保护范围内进行农用地开垦，未经严格审批绝不允许进行旅游开发占地。

第四，采取生态补水、河湖水系连通、河湖滨带连通、围垦湿地退还、污染排放管理、适度限制湿地范围内的生产/生活等综合管理措施，保护现有水资源保护区面积、生态功能、生物多样性和生态环境。

4.1.1.3 分区模式

自然保护地按被保护的重要性和可利用性，通常划分为核心区、缓冲区、实验区或游憩区。国内外通常采用的自然保护区分区模式见表4-1。同时，对湿地保护区的土地利用又可分为3个层次，如图4-1所示，并可进一步将湿地核心保护区划分为湿地生态培育区、湿地生态旅游休闲区和湿地生态景观封育区。

表4-1 自然保护区分区的3种基本模式

分区基本模式	描述	适用的自然保护区类别	特征
三圈层同心圆模式	核心区、缓冲区、过渡区	以自然保护为唯一或首要目的的自然保护区、人与生物圈保护区	核心区占总面积50%以上、核心区和缓冲区构成保护地的主体
加拿大模式	严格保护区、重要保护区、限制性利用区、利用区	兼具自然保护区功能的大型国家公园	以保护为主要目的的严格保护区、重要保护区占公园面积的90%以上，游憩区得到细分，以满足不同体验要求
日本模式	重要保护区、限制性利用区、利用区	以自然美作为评判标准，面积稍小、人地关系紧张的国家公园（属于1UCN保护地分类系统中的Ⅴ类：陆地、海洋景观保护地）	重要保护区不作为公园的主体部分，任何区域都允许公众进入，但利用程度不同。利用区包括当地居民的居住区。各区域在面积划分上无明确要求

4.1.2 农业污染防治技术

针对农业污染，应从点源、面源提出综合整治对策和措施规划。点源污染重点对畜禽养殖进行规范和污染防治，解决农村禽畜散养污染物

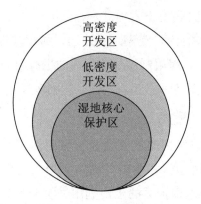

图4-1　湿地保护区的土地利用分层示意图

乱排乱放问题。面源污染重点针对农田径流污染控制、农村河道综合治理（中小河流治理）、农村生活污染治理、生活垃圾整治等；对于水源保护区陆域范围内主要为农业利用类型区域，采取农田氮、磷流失生态拦截工程，对于与饮用水水源地相连通的农村河道，采取农村河道综合治理工程。这里介绍三种农业污染防治技术：人工湿地技术、前置库技术、水陆交错带防护技术。

4.1.2.1　人工湿地技术

（1）技术原理

人工湿地技术是在天然湿地的基础上开发的，由填料、植物和微生物组成的可控制工程化的生态修复技术。其中，填料可以采用石灰石、页岩、陶粒、沸石、矿渣、炉渣等材料，亦可以采用经过加工和筛选的碎砖瓦、混凝土块等材料；植物可采用沉水植物、浮水植物和挺水植物，其具有能吸附并降解污染物、适应环境的能力强、抗风浪能力强、生长周期长、美观且有经济价值的特点。

在人工湿地系统中，填料及附着在其上的微生物和湿地植物组成了一个动植物生态环境，其净化机理十分复杂，一般认为是通过物理、化学及生化反应三重协同作用净化污水的。湿地植物在通过其发达的根系对水体中的污染物进行截留的同时进行吸收作用，在满足自身的生长需要的同时将水体中污染物的浓度降低；填料因有巨大的比表面积而对水体中的污染物有很好的截留作用，同时填料还对污染物有一定的吸收作用；在植物的根系附近以及填料表面生长着大量的微生物，微生物不仅同湿地植物一样，对水体中的污染物具有选择性吸收作用，而且可通过一系列的生化反应来降解水体中的污染物。湿地植物通过呼吸作用为微生物提供了生命活动所需的氧气，填料为微生物提供了良好的栖息场所，三者相互作用，共同去除水体中的污染物。水体中污染物的去除包括以下5个方面。

第一，悬浮物的去除。人工湿地系统就像过滤装置一样，通过湿地植物庞大的根系和填料对水体中的悬浮物进行截留和吸附。悬浮物被截留在人工湿地系统内部以后，逐渐在填料附近形成生物膜，为微生物的生命活动提供了良好的场所。

第二，有机物的去除。废水中的有机污染物按溶解性的大小可分为不溶性和溶解性两种。人工湿地系统对不溶性有机污染物的去除同对悬浮物的去除方式类似，均通过湿地植物和填料的截留和吸附作用，被截留和吸附的不溶性有机污染物可被人工湿地系统内的微生物降解去除；人工湿地系统对溶解性有机物的去除主要通过湿地植物和微生物的吸收作用以及微生物的降解作用完成。微生物对溶解性有机物的降解分为好氧降解和厌氧降解两种，好氧降解是微生物在有氧的条件下对溶解性有机物的降解，最终产物为二氧化碳和水；厌氧降解是微生物在无氧或缺氧的条件下对溶解性有机物的降解，最终产物为二氧化碳和甲烷。

第三，氮的去除。废水中的氮主要包括无机和有机两种，其中无机氮包括氨氮、亚硝酸盐氮和硝酸盐氮。人工湿地系统对氮的去除作用主要有：氨氮的挥发作用；湿地植物和填料对氮的吸附和吸收作用；微生物对氮的吸收和降解作用。但是氨氮的挥发作用只能在碱性条件下发生，挥发量可忽略不计，通过湿地植物吸收除去的氮较少，因此人工湿地系统对氮的去除主要通过微生物的分解代谢作用。

第四，磷的去除。废水中的磷分为无机磷和有机磷两类，但有机磷经微生物氧化后多以无机磷的形式存在。一般认为，人工湿地系统对磷的去除是基质吸附和过滤、湿地植物吸收和微生物去除三种途径共同作用的结果。可溶性的磷化物可与填料发生反应，生成不溶性的磷酸盐，从而沉淀在填料表面；湿地植物对无机磷的吸收和对无机氮的吸收一样，都是在同化作用下将无机磷变成湿地植物的组成部分，最后通过收割湿地植物去除；微生物对磷的去除作用包括其对磷的正常同化吸收作用和聚磷菌对磷的过量积累作用。

第五，重金属的去除。一般来说，人工湿地系统对重金属的去除也是依靠填料、湿地植物、微生物三者共同作用完成的。不溶性重金属离子通过植物根系及填料的截留、沉淀作用而得到去除；溶解性重金属离子能够被湿地植物所吸收，还能够与填料发生离子交换作用、络合作用而被去除。

（2）主要分类

①表面流人工湿地

表面流人工湿地（如图4-2所示）的水面位于填料表面以上，水深一般为0.3～0.5米，水流呈推流式前进。污水从池体入口以一定的速度缓慢流过湿地表面，部分污水或蒸发或渗入地下，出水由溢流堰流出。这种湿地靠近水表面部分为好氧层，较深部分及底部通常为厌氧层，具有投资省、操作简便、运行费用低等优点，但占地面积大，水力负荷小，去污能力有限。而且，此类湿地系统的运行受气候影响较大，夏季有滋生蚊蝇的现象，易产生不良气味，冬季容易结冰。

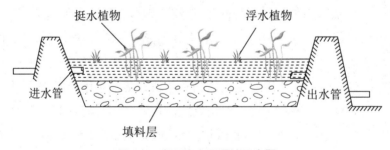

图4-2　表面流人工湿地示意图

②潜流人工湿地

潜流人工湿地的污水在湿地床表面下经水平和垂直方向渗滤流动，

通过植物传递到根际的氧气有助于污水的好氧处理，并可以充分利用填料表面生长的生物膜、丰富的植物根系及表层土和填料进行土壤的物理、化学和土壤微生物的生化作用等，提高处理效果和处理能力。根据水流方向可以分为水平潜流人工湿地和垂直潜流人工湿地，垂直潜流人工湿地又可细分为单向垂直潜流人工湿地和复合垂直潜流人工湿地。

　　第一，水平潜流人工湿地，如图4-3所示。水平潜流人工湿地的水流从进口起在根系层中沿水平方向缓慢流动，出口处设集水装置和水位调节装置。在该湿地系统中好氧生化反应所需的氧气主要来自大气复氧。与表面流人工湿地相比，水平潜流人工湿地受气温的影响相对较小，水力负荷大，对重金属等污染物的去除效果好，而且很少有恶臭和滋生蚊蝇等现象。但是，该湿地系统比表面流人工湿地系统的造价高，其脱氮除磷效果不如垂直潜流人工湿地。

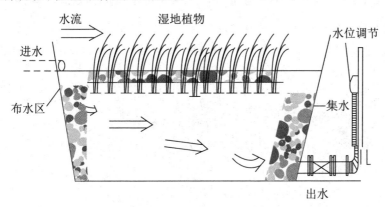

图4-3　水平潜流人工湿地示意图

　　第二，单向垂直潜流人工湿地，如图4-4所示。单向垂直潜流人工湿地的水流方向为垂直流向，通常为下行流，出水系统一般设在湿地底部，采用间歇进水方式。单向垂直潜流人工湿地表层为渗透性良好的砂层，水力负荷一般较高，因而对氮、磷去除效果较好，但需要对进水悬浮物浓度进行严格控制。

　　第三，复合垂直潜流人工湿地，如图4-5所示。复合垂直潜流人工湿地由两个底部相连的池体组成，污水从一个池体垂直向下（向上）流入

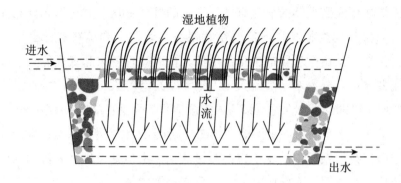

图4-4　单向垂直潜流人工湿地示意图

另一个池体后垂直向上（向下）流出。复合垂直潜流人工湿地可选用不同植物多级串联使用，通过增加污水停留时间和延长污水的流动路线来提高人工湿地对污染物的去除能力，通常采用连续运行方式，具有较高的污染负荷。

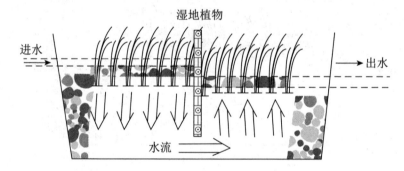

图4-5　复合垂直潜流人工湿地示意图

在实际工程中，可以根据污水处理的需要将数个相同或不同类型的人工湿地池体组合在一起，形成一个污水处理系统。组合方式可分为并联式、串联式和混合式。如中南林业科技大学校区人工湿地污水处理中试系统，由"表面流—潜流—表面流"三级串联而成，如图4-6所示。

4.1.2.2　前置库技术

（1）前置库技术原理

前置库净化面源污染的原理主要包括沉淀、自然降解、微生物降

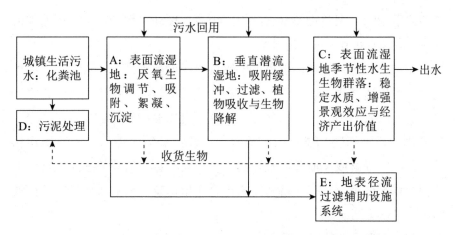

图4-6　中南林业科技大学校区人工湿地污水处理中试系统示意图

解、水生生物吸收等。

第一，沉淀。水体中的悬浮颗粒都因重力和浮力两种力的作用而发生运动，当重力大于浮力时，颗粒下沉；当重力小于浮力时，颗粒上浮。在创造一定沉淀空间和水力条件下，水体中固体颗粒污染物可较好的沉淀于某一区域。因此，合理的水力停留时间和池深是前置库设计的关键参数。前置库夏天滞水时间一般为2天，春秋天为4～8天，冬天为20天。

第二，自然降解。水中的部分污染物在特定光照和水温等作用下，少部分可自行降解，一部分可通过气态的形式，散失到大气中，如氮氧化物形成氮气外溢。

第三，水生生物吸收。可以根据水深，依次栽培挺水植物、沉水浮叶植物、沉水植物和漂浮植物，并在前置库中建立人工浮岛。这些植物在生长繁殖过程中能吸收大量的污染物并加以转化和利用。同时，这些植物庞大的根系在吸附颗粒固体污染物后，成为微生物活动频繁的场所，对颗粒污染物可进行降解和利用，最终达到净化水质的作用。在水环境中创造"植物浮岛"，岛上的植物可供鸟类等休息和筑巢，下部植物根系形成鱼类、水生昆虫的生态环境，同时能吸收引起富营养化的氮和磷。改变前置库内的生物组成，如以生长快的硅藻替代生长慢的蓝绿藻和浮游动物，调整鱼类群落结构减少滤食性动物数量，也可以增强前置库对农药有机物质的去除能力。

第四，微生物降解。前置库的底层存活着种类多样、数量庞大的微生物，可以通过微生物的生命活动和新陈代谢等，对水体中的污染物进行分解、吸收、利用。一部分污染物分解出气态物质可散发到空气中，如氧化的最终产物二氧化碳。前置库去除污染物的能力与光照密切相关，因此水深就成了前置库设计的一个重要参数。适宜的水深能够使悬浮物得以充分沉淀，在浮游植物和光合作用均较强烈的条件下，污染物的去除可以达到最大限度。

（2）前置库的特点及构成

前置库技术因其费用较低、适合多种条件等特点，是目前防治面源污染的有效措施之一。前置库技术通过调节来水在前置库区的滞留时间，使径流污水中的泥沙和吸附在泥沙上的污染物质在前置库沉降；利用前置库内的生态系统，吸收去除水体和底泥中的污染物。

前置库通常由沉降带、强化净化系统、导流与回用系统3个部分组成，如图4-7所示。沉降带可利用现有的沟渠，加以适当改造，并种植水生植物，对引入处理系统的地表径流中的污染颗粒物、泥沙等进行拦截、沉淀处理。强化净化系统分为浅水净化区和深水净化区。浅水生态净化区类似于砾石床的人工湿地生态处理系统，首先沉降带出水以潜流方式进入砾石和植物根系组成的具有渗水能力的基质层，污染物质在过滤、沉淀、吸附等物理作用，微生物的生物降解作用、硝化反硝化作用以及植物吸收等多种形式的净化作用下被高效降解；再进入挺水植物区域，进一步吸收氮、磷等物质，对入库径流进行深度处理。深水强化净化区利用具有高效净化作用的易沉藻类、具有固定化脱氮除磷微生物的漂浮床以及其他高效人工强化净化技术进一步去除农药污染物。库区可结合污染物净化进行适度水产养殖。为防止前置库系统暴溢，可设置导流系统，20分钟后的后期雨水可通过导流系统排出库区。经前置库系统处理后的地表径流，也可以通过回用系统回用于农田灌溉。

在设计过程中要考虑光照，温度、水力参数、水深、滞水时间、前置库库容、存贮能力、污染负荷大小等因子。

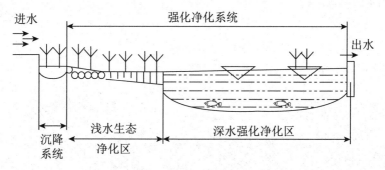

图4-7　强化净化前置库系统的组成结构图

（3）前置库技术的应用案例

①前置库区

建设743米长的水体分隔带（生态防护墙），出水口宽度24米，是东大河河口宽度12米的2倍，满足河道最大过流量10每秒平方米的泄流要求。

沉砂池及沉淀区为不规则形状，总面积64 380平方米，总容积89 290平方米，东西向长约520米，南北向宽约150米。沉砂池紧接河口布置，为扩散梯形状，顺流方向长140米，平均宽度110米，容积15 580米。沉砂池后为一般沉淀区，面积为48 800平方米，水深0.75～1.75米。在前置库内水面靠近水体分隔带上建80组人工浮岛，浮岛为竹筏浮床框架结构，上面种植李氏禾、鸢尾、茭草等水生植物，总面积1 440平方米。前置库设计流量为1.0每秒平方米，停留时间为24.8小时，剩余水量流向旁边的流湿地。前置库平面布置图如图4-8所示。

②植物措施

在邻近岸边及浅水区种植芦苇、水葱、茭草、鸢尾、水芹菜等挺水植物，在深水区域选择沉水植物如狐尾藻、红线草、菹草、伊乐藻、海菜花、金鱼藻、马来眼子菜，植物栽培采用季节搭配，形成错落有致的植物群落。

③稀土吸附剂投加

在格栅后面100米河道的中部投加稀土吸附剂，投加量按前置库容积

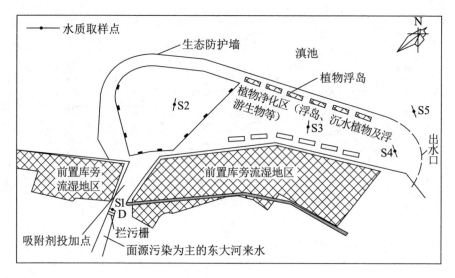

图4-8 前置库平面布置图

考虑，3~6个月投加一次。

④浮岛构建

构建80组人工浮岛，采用竹筏框架结构，基质采用示范区腐败植物残体及藤类植物固定，种植李氏禾、水葱、美人蕉、鸢尾等水生植物，总面积1 440平方米。浮岛全部沿生态防护墙布置。

⑤生态防护墙

在前置库区域与滇池外海水体之间，设置自行设计的生态防护墙。沉砂池区域用6米长木桩，单排按每米5棵形成支撑结构。沉淀区用6米桩长和4米桩长的木桩交替布置，即1棵6米长桩接3棵4米长桩，形成支撑结构。墙体内添加陶粒及碎石，表土层种植菱草、滇鼠刺、鸢尾、柳树等植物。生态防护墙的结构图如图4-9所示。

4.1.2.3 水陆交错带防护技术

水陆交错带保护和构建措施有以下3种。

第一，通过人工种植的方法，在尽可能多的地方恢复河边、湖滩、水库周边的植被和微景观，其目的除了获得经济效益外，主要是恢复水陆交错带截留水、养分、泥沙的生态功能。

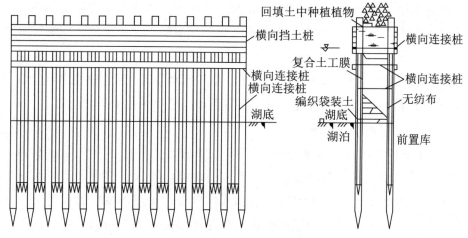

图4-9　生态防护墙的结构图

第二，在进行水利工程设计时，不但要考虑水的储存、流动和利用，还要考虑水和陆地的相互作用，对岸边带进行生态设计。

第三，利用水陆交错带的面积和生态功能，筑建人工的污水或农业排放水处理场。这种处理场和一般的土地处理系统有相似之处，都是利用土地—植物系统的植物、土壤胶体复合体、微生物区系及酶的多样性。由于交错带的水文条件特殊，水陆交错带的污水处理能力较强，较不易污染地下水。

4.1.3　水源工程建设

4.1.3.1　饮用水水源地建设

《中华人民共和国水法》和《中华人民共和国水污染防治法》虽然明确了"国家建立饮用水水源保护区制度"的要求和各级保护区内的禁止、限制行为，但并未涉及水源保护区建设的具体内容和要求，也没有形成严格的饮用水水源保护制度。因此，有必要借鉴国外经验，提出饮用水水源保护区建设的具体要求，开展饮用水水源地规范化建设。

饮用水水源地规范化建设的目标是落实饮用水水源保护区相关的各项法律法规要求，在国家建立饮用水水源保护区制度的框架下，达到"水质、水量"双安全的目标和保障措施。饮用水水源地规范化建设应遵循"水质和水量达标、污染综合整治、风险预警防范、分级分区控制"原则，建设内容应依据我国饮用水水源地环境管理的需求及水源保护区建设的现状进行统筹考虑和设计。鉴于此，饮用水水源地规范化建设内容至少应涵盖建设目标、保护区建设、保护区整治、监控能力建设4个方面。

（1）水源地建设目标

《中华人民共和国水法》第三十三条规定"国家建立饮用水水源保护区制度。省、自治区、直辖市人民政府应当划定饮用水水源保护区，并采取措施，防止水源枯竭和水体污染，保证城乡居民饮用水安全"。《饮用水源保护区污染防治管理规定》第四条和第七条要求："饮用水水源各级保护区及准保护区均应规定明确的水质标准并限期达标。""饮用水地表水源保护区包括一定的水域和陆域，其范围应按照不同水域特点进行水质定量预测并考虑当地具体条件加以确定，保证在规划设计的水文条件和污染负荷下，供应规划水量时，保护区的水质能满足相应的标准。"

"水源地建设目标"也是水源地规范化建设的目标，即水量、水质安全。水量安全，要求水源地供水能力、供水现状均满足服务区域的需求。因此，水量目标既要考虑供水服务区域近期和远期水量需求，也要考虑供水工程设计和实际供水能力间的关系，保证供水量满足需求并禁止超采。水质安全，要求水源地水质满足规定标准，并要体现不同类型水源、不同级别保护区的差异。因此，地表水源应依据《地表水环境质量标准》，一、二级保护区分别满足Ⅰ、Ⅱ类标准要求；地下水源应依据《地下水质量标准》满足Ⅲ类标准要求。

（2）保护区建设

《中华人民共和国水污染防治法》第六十三条规定：国家建立饮用水水源保护区制度。饮用水水源保护区分为一级保护区和二级保护区；必要时，可以在饮用水水源保护区外围划定一定的区域作为准保护区。有关地方人民政府应当在饮用水水源保护区的边界设立明确的地理界标和明显的警示标志。

保护区建设应以落实《中华人民共和国水污染防治法》建立饮用水水源保护区制度的基本要求为主，应包括保护区设置与划分、保护区标志设置和一级保护区隔离防护三项内容。

　　饮用水水源保护区是水源地建设和管理的基础，也是保护区建设的关键。保护区划分应依据《饮用水水源保护区划分技术规范》，报经省级政府批复并按照管理部门要求备案；设置保护区标志，对影响水源水质安全的生产、生活活动有警示作用，可起到保护水源的作用，标志设置应依据《饮用水水源保护区标志技术要求》；在水源取水口和一级保护区实施隔离防护，可避免人类活动直接污染取水口；考虑到突发环境事故亦有可能影响取水口安全，仅设置隔离防护设施不能完全阻断污染物进入水体，因此地表水源还应在穿越一级保护区的道路、输油、输气管道等高风险区域，设置应急池、事故导流槽及防泄漏设施，避免突发环境事件对取水口的影响。

　　（3）保护区整治

　　《中华人民共和国水污染防治法》要求"在饮用水水源保护区内，禁止设置排污口"，并明确规定了各级保护区的管理要求。保护区整治以落实保护区污染防治管理要求为主，包括一级、二级保护区和准保护区的整治，整治内容、要求及项目类型均应依据《中华人民共和国水污染防治法》的相关条款。

　　①一级保护区

　　《中华人民共和国水污染防治法》第六十五条要求，禁止在饮用水水源一级保护区内新建、改建、扩建与供水设施和保护水源无关的建设项目；已建成的与供水设施和保护水源无关的建设项目，由县级以上人民政府责令拆除或者关闭。禁止在一级保护区内从事网箱养殖、旅游、游泳、垂钓或者其他可能污染饮用水水体的活动。按照上述要求，一级保护区不应存在与供水设施和保护水源无关的建设项目，也禁止从事网箱养殖、旅游、游泳、垂钓或其他可能污染饮用水水体的活动，与上述要求不符的，均应清拆或取缔，但在一级保护区划定前已有的建设项目，应制订计划，限期搬迁。

②二级保护区

《中华人民共和国水污染防治法》第六十六条规定，禁止在饮用水水源二级保护区内新建、改建、扩建排放污染物的建设项目；已建成的排放污染物的建设项目，由县级以上人民政府责令拆除或者关闭。在饮用水水源二级保护区内从事网箱养殖、旅游等活动的，应当按照规定采取措施，防止污染饮用水水源。按照上述要求，二级保护区不应存在排放污染物的建设项目，从事网箱养殖、旅游等活动的，应当采取措施防止水体污染。与上述要求不一致的建设项目或水体开发行为，均应进行整治。

③准保护区

《中华人民共和国水污染防治法》第六十七条和第六十八条规定，禁止在饮用水水源准保护区内新建、扩建对水体污染严重的建设项目；改建建设项目，不得增加排污量。县级以上地方人民政府应当根据保护饮用水水源的实际需要，在准保护区内采取工程措施或者建造湿地、水源涵养林等生态保护措施，防止水污染物直接排入饮用水水体，确保饮用水水源安全。按照上述要求，准保护区整治应以水源涵养和总量控制为主，具体内容应包括污染物总量控制、水污染物削减控制和水源涵养林、湿地等生态保护工程。

（4）监控能力建设

开展水源地水质监测和监控，是为了正常情况下反映水源水质变化状况，异常情况下及时提示水质异常，为应对突发事件提供信息。因此，水源监控能力建设应考虑日常监测和预警监控两个方面的要求。日常监测内容应包括点位设置、监测指标及频次，具体要求应依据水源地日常管理的相关要求确定；河流型水源的预警监控断面，应设置在取水口上游大于2小时流程的位置，湖库型水源应设置于支流入口处上游大于2小时流程的位置，以保证一旦发生突发环境事件，下游取水口有一定的应急响应时间。预警监控指标应依据国家、省级、市级环保部门的监测要求，结合水源供水规模、环境风险大小等因素确定，预警监控采用自动连续监测方式开展。

4.1.3.2　应急备用水源建设

（1）应急备用水源建设要求

我国大部分城市水源单一，储蓄水量明显不足。对具备供水条件的已建水源地，可以采取清淤和疏浚，对原有水源地实施扩建以及机组配套、电气线路改造等工程措施，水源保护、生态修复等非工程措施，将原本水质达不到饮用水标准或者年久失修的水库重新改建为应急备用水库，节约应急备用水源的建设费用与运行成本，使现有已建水源地与应急水源地互为备用，实现多水源互补与调剂，确保供水安全可靠。

应急备用水源地的选择与建设应结合已有供水水源地开采潜力，具备开发利用前景的河道、水库、湖泊及地下水富水地段的开采能力和供水条件等因素，同时重点关注以下几方面。

第一，平衡好应急备用供水与常规供水的关系。应急备用供水不应影响到城市的常规供水，而是对常规供水剩余潜力的拓展和挖掘。

第二，地表水与地下水综合利用，实现联合调度与互为备用。对于无地下水开采潜力或现状本地地表水不能满足供水需要的地区，应规划可调用外地地表水来解决应急供水问题。

第三，目前仍具备开采潜力的地表水供水水源地和尚未开发的富水地段地下水均可考虑列入应急供水水源地；同时，当城市常规水源受损时，备用水源应不受影响。

第四，具备水源的即时可汲取性。供水水源不仅要能通过建设的应急备用供水工程与措施汲取出来，还应满足快速及时的要求，即在较短时间内尽可能提供应急需要的水量。

第五，在可解决应急备用供水需求的情况下，应急备用供水水源地布局应尽量选择距离城市或重要工业区位置近、供水条件便利的水源地或富水地段，并同时考虑行政区划的一致性。

第六，可将供水条件适宜的一般性工业供水水源地纳入城市或重要工业应急备用供水水源地范围内。在应急时，由当地政府协调改变原供水方向，向城市生活或重要工业区进行应急供水。

第七，可对原有关停或规划关停的水源地进行必要的修复和维护，并将其作为应急备用水源地。在原有的供水管网和取水设施基础上，可以结合地区水污染防治和水生态修复，逐步恢复其供水与储水功能。

第八，环境危害控制在可接受范围内。当城市遭遇应急状况，出现供水危机时，虽然满足应急供水是应急备用水源追求的优先目标，但本着可持续利用的原则，应争取把应急供水引发的环境负效控制在可承受的水平。

第九，控制应急供水成本。任何供水均有成本费用分摊，应急供水也不例外，甚至其费用更高。因此，应急备用水源地选择要兼顾开发成本、输水成本以及对水源区的经济影响等，尽量降低应急备用供水费用，以减轻城市供水的经济压力。

（2）备用水源工程建设思路

①地表水源型

地表水水源工程主要是指江河引提水水源、蓄水工程水源等。江河引提水水源在江河上直接引或者提，供水量的大小取决于江河来水和引提水能力。水库、湖泊等调蓄水工程能够缓解供水与需求之间的矛盾，通过存储、调节径流等方式调整可供水量的时程分布。城市应急备用供水系统的功能主要在于，利用城市调蓄水工程充分挖掘地表水资源潜力，建立应急备用水源地。这样一来，在汛期时能够蓄住来水，在干旱或枯水时能通过合理调配蓄水工程水源和引提水水量有效提供应急备用水源。丰水地区城市因可供选择的应急备用水源相对较多，因此需要制定应急备用水源选择原则，确保可靠性、经济性和可操作性。另外，作为应急备用的地表水水源工程，必须加强水源地的保护，划定保护范围，制定相关限制开发活动的制度，建立周密的污染防控体系，处理好开发、利用与保护之间的关系。

②地下水源型

地下水应急备用水源工程建设关键是水源地的选址。应急备用地下水水源地的选址，在考虑地下水资源开采模数、开采量的同时，还应考虑开采地段便利程度、开采条件好坏及能否通过建设应急取水设施抽取地下水等因素，以满足应急供用水需求。如果含水层埋深较深、含水层水理性质不佳的水文地质单元，由于开采难度大，在短时间不能开采出大量的水，解决不了应急用水需求，该区域是否作为应急备用水源地需谨慎对待，对其地下水水源的历年水位、水质、水量的动态变化特征应进行认真分析，对其可靠性进行论证，分析暂时可用于应急备用开采的地下水储存量，以保证在连续枯水年或在突发事件时有足够的储存量可以借用。同时，应充分利用各城市当地的储存资源和枯水年超量开采腾出的空间，使得借用后的疏干空间有利于地表水的入渗。可以在丰水年（丰水时段）及时补偿或采取有效的人工拦蓄措施进行人工回补地下水。在应急备用水源地启用后，应分析水源地周围由于地下水水位下降形成的降落漏斗、发展趋势及下降速度等因素的变化是否在预控范围内，影响范围与影响程度是否在可接受程度之内。在利用本地区百米以下深层含水层的地下水时，应采用深浅结合、立体开采形式，尽可能减少对正常取水系统的影响。另外，在将地下水作为应急备用水源地时，也要考虑水源地取水点布局与现有城市供水系统的匹配程度。

③外调水源型

外调水一般指长距离调水，属于资源性战略储备的重大国策，涉及跨流域、跨区域的资源调配与管理，决策、规划、设计与建设周期相对较长，工程规模巨大，需要投入大量的人力、物力和财力。有些城市由于所处地域偏远，供水水源单一，一旦受到外部不利因素影响容易出现无水可供的现象。我国北方部分资源型缺水城市抗旱能力较弱，也需要依靠区域外供给水资源。这些城市亟须通过跨区域、跨流域调水等方式，在合理平衡流域间水量的基础上建立应急备用水源，从而有效防范缺水风险，支撑地方经济持续发展。在外调水源型备用水源地建设时，水源调入与调出地区应对水源水质、水量变化等情况进行仔细研究，共同商定应急备用供水量及供水方式。

④非常规水源型

非常规应急备用水源，主要包括再生水、海水淡化、雨洪资源化、矿井疏干等。

第一，再生水应急备用水源地建设。再生水应急备用水源地建设适合再生水利用水平较高的地区，应在原有再生水厂建设的基础上，进一步提高其再生水处理能力，分析其在不同情况下（特别干旱年份、一般情景）污水收集范围、收集量、处理量、处理率、再生利用出水标准、排放污染物浓度、正常情况下再生水用途（用户）以及应急时原用途转换途径与可能等信息。

第二，海水淡化水应急备用水源地建设。沿海城市应充分考虑利用海水水源。海水淡化水是解决海岛城市和北方沿海城市饮用水短缺的有效途径。各地政府应结合国家政策，制定相应举措和鼓励利用政策，大力推进海水利用进程。在进行海水淡化型备用水源地建设时，应注意海水的地域分布，一般沿海地区可以考虑将海水作为应急备用水源；应分析海域状况、海水水质情况、处理难易程度等因素，再决定是否建设海水淡化厂。另外，对于远离海边的城市，考虑成本等因素，一般不宜采用海水淡化作为应急备用水源。

第三，雨洪资源化型备用水源地建设。通过提高城市对雨洪的渗、滞、蓄、净、用、排能力，将雨洪水储存起来，作为城市应急备用水源，可以缓解缺水局面。建设上、中、下立体利用雨洪资源化型备用水源地的具体建设思路如下。首先，建设屋顶集水利用系统。对雨水进行收集和利用，用于城市绿化及环保等方面。集水利用系统可分为单体建筑系统和建筑群系统。针对平屋顶，可构建屋顶雨水控制系统，提高径流滞蓄率和雨水资源利用率。其次，建设绿地控制利用系统。针对城市的绿地区域，可充分利用草地滞流入渗性强的特点，通过建设局部凹地控制系统，对雨水尤其是暴雨进行蓄渗，达到美化环境、净化水质和利用雨洪资源的效果。最后，建设雨水渗透利用系统。主要包括渗透路面、渗透池（井）、渗透桩、渗透管等。渗透路面又可以分为砖砌路面和沥青或混凝土路面；渗透池用于土质渗透性较好区域，空间受限制区域可使用渗透井；渗透桩多用于上层土壤渗透性较差，下层土壤渗透性较好区域；渗透管占地面积较小，多用于城市小区。

第四，矿井疏干水型备用水源地建设。作为城市应急备用供应水源的一种，开展矿井疏干水的资源化利用可在特殊情况下补充常规用水缺口，缓解供水紧张的状况。在建设矿井疏干水型备用水源地时，要对地区水资源系统与矿井水之间的关系、供水与排水的关系等进行研究，对疏干排水可能对水资源环境造成的影响进行评估；还应采取清污分流的措施，实现对优质矿井水的利用。矿井水大多含有丰富的悬浮物，硬度和矿化度高、酸性强，只有对水质进行净化处理后，才可以用于日常生产和生活。同时，针对矿井开采范围内的地下水，应通过注浆、调节疏放水等方式，对矿井水出水量进行有效控制，缓解需水量与排水量之间不匹配的矛盾，实现真正的应急备用。

第五，区域联网供水型。区域联网供水是指将地理位置上相邻两个城市的给水系统连接起来，当其中一个城市遇到突发情况出现断水时，可通过连接管由另一个城市提供基本生活用水。区域联网也适用于同一区域内不同水源供水网络之间的联网，是城市应急备用水源的重要来源之一。区域联网供水应对水质参数和系统压力进行评估，一般提供的是净化处理过的水，可供城市用户直接使用。在区域联网供水型备用水源地建设过程中，主要涉及两个地区政府之间协调协商，确定城市之间水源的连通、压力费用和管道费用等，对区域内现有水源工程的应急备用供水能力进行挖掘拓展，并建立健全相关调度机制，尽可能地增加应急备用供水量。

4.2　廊道治理关键技术

4.2.1　防洪减灾技术

4.2.1.1　工程措施

关于防洪减灾的工程措施是指为提高河湖防洪减灾能力，保障区域防洪安全和粮食安全，兼顾河湖生态环境而开展的以堤防加固和新建、河道清淤疏浚、护岸护坡等为主要内容的综合性治理项目。

（1）河道断面形式

主河槽采用直立式和梯形相结合的复式横断面形式，如图4-10所示。此类断面形式直立段宜采用钢筋混凝土或浆砌石等硬性材料护岸，以保证岸坡的稳定，滩地作为人行步道可以满足两岸居民亲水的需要。❶此类断面形式的优点是河岸抗冲能力较强，适应水流流速较大的河流，景观效果好；缺点是投资较高，不经济，占地面积大。

图4-10　直立式和梯形相结合的复式横断面形式

主河槽采用梯形复式横断面形式，如图4-11所示。此类断面形式正常水位以下宜采用混凝土板等一般硬性材料护岸，以保证岸坡的稳定，滩地作为人行步道可以满足两岸居民亲水的需要。此类断面形式的优点是河岸抗冲能力强，适应水流流速大的河流，景观效果好，投资较低；缺点是占地面积大。

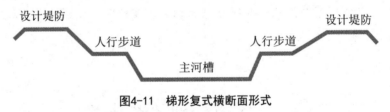

图4-11　梯形复式横断面形式

主河槽采用梯形单式横断面形式，如图4-12所示。此类断面形式正常水位以下宜采用混凝土板等一般硬性材料护岸，以保证岸坡的稳定。此类断面形式的优点是河岸抗冲能力强，适应水流流速大的河流，投资较低，占地少，在居民集中区和商业聚集区段可设计通堤顶和河底的亲

---

❶ 郭宏伟，傅长锋．永定河泛区廊坊段生态廊道建设关键技术[J]．中国水利，2019（22）：4.

图4-12　梯形单式横断面形式

水台阶，以满足亲水的景观要求；缺点是景观单一。

（2）护岸形式

护岸工程考虑现浇混凝土板护岸、三维土工网垫护岸、三维排水生态袋护岸、植物型混凝土护岸、联锁式水工砖护岸5种结构形式，各种护岸形式对比如下。

第一，现浇混凝土板护岸。此类护岸整体稳定性较好，美观性好，施工较简单，在硬性护岸材料中为投资较小的材料，但不易于维修。

第二，三维土工网垫护岸。此类护岸具有固土性好，防冲效果明显的优点，投资较小，但不适宜岸坡陡、流速大的河道，可以应用于堤防护坡，绿化效果好。

第三，三维排水生态袋护岸。生态袋具有透水不透土的过滤功能，其具有良好的固土功能，施工技术简单，工期相对较短。此类护岸运行简单、维修方便，适应变形能力强，但投资较大，抗冲能力较差。

第四，植生型混凝土护岸。植生型混凝土是一种采用特殊工艺制备含有连续空隙的多孔混凝土，既有一定的强度，又具有透水性和透气性。其中，多孔混凝土由粗骨料、低碱水泥、适量的砂石料拌制而成，可使水面、护坡与景观美化有机结合起来，生态环境功能显著。此类护岸铺装便捷，强度高，适于多种水力环境。

第五，联锁式水工砖护岸。此类护岸抗冲能力强，表观效果好，施工速度快。它不仅能起到防护作用，由于存在孔洞，还有利于水生植物生长，视觉效果良好。

（3）挡土墙形式

挡土墙常用于受地形条件限制、河道狭窄、堤外无滩，易受水冲刷的重要堤段。在满足护岸稳定的前提下，挡土墙断面应尽量减小，以减少工程量和工程占地。挡土墙的类型主要有重力式挡土墙、悬臂式挡土墙、扶壁式挡土墙和加筋土挡土墙。由素混凝土浇筑或石材砌筑而成的、依靠自身的重力维系稳定的挡土墙称为重力式挡土墙。这种挡土墙具有结构简单，施工方便，易于就地取材等优点，在工程中应用较广。其缺点是墙身的抗拉、抗剪强度都较低，如采用人工砌筑，质量的离散性可能较大。重力式挡土墙的结构如图4-13（a）所示。悬臂式挡土墙由钢筋混凝土立壁、趾板和踵板组成，墙的稳定性主要依靠踵板上的土重维系。这类挡土墙的优点是，能充分利用钢筋混凝土的受力特点，体截面尺寸较小。悬臂式挡土墙的结构如图4-13（b）所示。当墙高较大时，悬臂式挡土墙在水平土压力的作用下，立壁中将产生相当大的弯矩。为了提高抗弯能力和减少钢筋用量，可以沿墙的纵向每隔一定距离设一道扶壁，这种挡土墙称为扶壁式挡土墙。该挡土墙墙体的稳定仍然是依靠踵板之上，扶壁之间的土重来维系。由于这种挡土墙的高度较大，在必要时需要设置防滑凸榫以增强其抗滑移能力。扶壁式挡土墙的结构如图4-13（c）所示。加筋土挡土墙是利用加筋土技术而修建的一种挡土结构物。加筋土是一种在土中加入拉筋的复合土，它利用拉筋与土之间的摩擦作用来改善土体的变形条件和工程性能，从而达到稳定土体的目的。加筋土挡土墙的结构如图4-13（d）所示。

4.2.1.2　蓄滞洪区建设

（1）蓄滞洪区调整

根据蓄滞洪区形势的变化，需要对蓄滞洪区进行调整。调整思路与原则如下。

第一，对构建流域防洪减灾体系、提高流域整体防洪减灾能力确有必要的蓄滞洪区予以保留，维持其蓄滞洪区性质不变。

第二，运用概率很低、在流域防洪减灾体系中作用已不大的蓄滞洪区，具备条件的予以撤销，设为防洪保护区；或按照蓄洪的实际需要，调整缩小蓄滞洪区的蓄洪范围，将部分区域设为防洪保护区，使这些地区的经济社会发展不再受蓄滞洪水的影响和制约，以改善区内居民生存

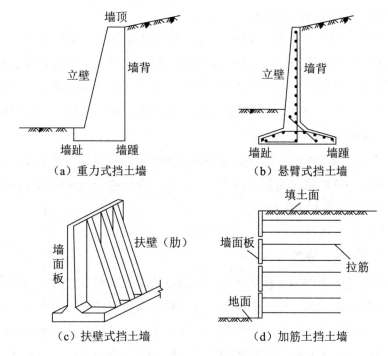

（a）重力式挡土墙　　　　　（b）悬臂式挡土墙

（c）扶壁式挡土墙　　　　　（d）加筋土挡土墙

图 4-13　挡土墙的结构

生产条件。

第三，对由于流域整体防洪能力提高、启用概率大为减少的蓄滞洪区，调整其运用标准。根据流域防洪的实际需要，必要的调整为蓄滞洪规划保留区，以备应对流域超标准洪水发生时临时分洪使用。

第四，对运用概率很高、进洪频繁、区内居民生活极不稳定、面积相对较小的沿河蓄滞洪区，具备条件的可以全部退建，恢复作为行洪通道和天然蓄洪场所；或调整蓄洪范围，结合河道整治，实施部分退堤还河，扩大河道行洪能力。

第五，因地区经济社会发展、保护对象的防洪标准提高以及部分江河设计洪水发生较大变化等需增加调蓄洪水能力的区域，经流域防洪规划科学比选、充分论证后新增设蓄滞洪区；对确有必要且已在流域防洪体系中承担了流域防洪任务、在以往防御流域大洪水过程中已经发挥分蓄洪水作用的区域，实际上已经是蓄滞洪区的部分蓄滞洪洼地，经充分论证后认定纳入为蓄滞洪区。

第六，对部分面积、容积较大，在一定时期内还需使用的蓄滞洪区，可以根据防洪形势的变化，调整其分洪运用方式。具备条件的地区可以建设分洪隔堤，按洪水调度方案分区使用，以增强防洪调度的灵活性。面积、容积较小的个别蓄滞洪区为便于防洪调度与运用，可以结合防洪工程建设进行联圩合并。

第七，结合水资源综合利用和湿地湖泊生态环境保护的需要，改变或调整部分蓄滞洪区的使用功能，可以充分发挥蓄滞洪区在水资源利用和生态与环境保护方面的作用。

（2）蓄滞洪区分类与洪水风险分区

①蓄滞洪区分类

根据《关于加强蓄滞洪区建设与管理的若干意见》中的分类定义和原则，根据流域防洪系统的格局、蓄滞洪区在防洪系统中的作用与功能以及蓄滞洪区运用概率，结合蓄滞洪区建设与管理工作的实际需要进行综合分析，将蓄滞洪区划分为重要、一般与规划保留三类。

重要蓄滞洪区：在保障流域和区域整体防洪安全中的地位和作用十分突出，涉及省际防洪安全，对保护重要城市、地区和重要设施极为重要，由国务院、国家防汛抗旱总指挥部或流域防汛抗旱总指挥部调度，运用概率较高的蓄滞洪区。

一般蓄滞洪区：对保护重要支流局部地区或一般地区的防洪安全有重要作用，由流域防汛抗旱总指挥部或省级防汛指挥机构调度，运用概率相对较低的蓄滞洪区。

蓄滞洪保留区：为防御流域超标准洪水而设置的，运用概率低，但暂时还不能取消仍需要保留的蓄滞洪区。

分类的目的主要是明确各类蓄滞洪区在流域或区域防洪中的地位，分类指导蓄滞洪区的建设与管理；同时也是为满足蓄滞洪区规划编制与实施的需要，做到全面规划、急用先行、分期实施，并为选用安全建设模式提供依据。对全国蓄滞洪区建设与管理规划中的94处蓄滞洪区进行分类，其中重要蓄滞洪区33处，一般蓄滞洪区41处，蓄滞洪保留区20处。

②洪水风险分区

蓄滞洪区是一种特殊的洪水风险区域，蓄滞洪区的启用概率和洪水风险程度是制定蓄滞洪区建设内容和方案、落实不同管理政策的主要依据。洪水风险分析的目的是为蓄滞洪区不同风险区的建设和管理的对策提供依据，为确定蓄滞洪区内不同区域居民避洪安置方向和安全建设模式，规划蓄滞洪区工程设施和安全设施建设方案，拟定蓄滞洪区洪水风险管理政策和措施奠定基础。由于蓄滞洪区所在流域和河段的洪水特性不同，其洪水风险呈现出不同特点。即使是同一个蓄滞洪区，由于各分区运用标准不同以及不同区域的蓄洪淹没水深、淹没历时等的差异，蓄滞洪区内不同区域的洪水风险状况也不相同。

为有针对性地指导不同风险地区安全设施建设和经济发展，应根据蓄滞洪区洪水特性和地貌特点，在调查区内人口、财产分布的基础上，对全国94处蓄滞洪区的洪水风险进行统一分析、评价，并根据洪水风险程度对各蓄滞洪区进行风险分区。分区结果表明，在整个分洪淹没影响范围内，重度风险区面积、人口分别占风险区总面积、总人口的33%、30%，中度风险区面积、人口占风险区总面积、总人口的36%、40%，轻度风险区面积、人口占风险区总面积、总人口的31%、30%。

（3）基于洪水风险分区的安全建设模式

蓄滞洪区的安全建设模式需要根据洪水风险程度的不同进行选择。对于淹没水深相对较深的高风险区，特别是重要蓄滞洪区中的高风险区，其建设方向是应尽量创造条件，鼓励人口外迁。而且，要对这类蓄滞洪区的经济社会发展施加严格限制，避免人口和资产向高风险区集中，如控制人口，调整产业结构，引导发展淹没损失影响相对较小的农业等。暂时还难以外迁安置的，可酌情在蓄滞洪区内选用其他适宜的安建模式。对于轻度风险区，尤其是运用标准在50年一遇以上的蓄滞洪区中的轻度风险区，一般可不进行安全建设，必要时可适当采取临时撤退措施。蓄滞洪保留区主要是为应对超标准洪水而备用的，使用机会很少，一般可不考虑安全建设。这类蓄滞洪区除禁止发展有毒污染企业外，可不对其经济发展加以限制。对于运用标准在50年一遇以下，特别是20年一遇以下的蓄滞洪区中重度、中度风险区，以及某些淹没水深相对较深的中度、轻度风险区，情况比较复杂，除考虑淹没水深、淹没历时与风险大小外，还应考虑耕地远近、周边有无城镇和中心村、附近有无岗地、当地有无土源等经济社会与自然条件。只有这样，才能为蓄滞洪区内部因地制宜地选用适当的安全建设模式提供技术支撑。

具体而言，基于洪水风险分区的安全建设模式比选的原则性意见如下。

第一，淹没水深小于0.5米的轻度风险区，一般以自行安置为主。

第二，淹没水深超过3米的重度风险区，一般以区外移民安置为主；水深超过5米的重度风险区，除对居民进行异地安置外，可根据条件，将风险区改作鱼塘、湿地。

第三，耕作半径大于5千米者，一般不推荐建设安全区。

第四，耕作半径小于5千米者，可根据有无城镇、有无中心村或岗地依靠以及有无土源等组合条件，推荐采用安全区、围村埝或庄台等模式。

第五，避水楼是在不具备区外移民安置条件，又难以采取其他就地安置措施情况下的一种选择，仍需要二次转移，故一般不鼓励修建避水楼。

第六，淹没水深较浅而无须采取其他安全建设模式的低风险区，以及淹没水深虽相对较深但难以采取其他安全建设模式的地区，临时撤退可作为一种选择。

4.2.1.3 非工程措施

（1）建立洪水预报和预警系统

洪水预报和预警系统是利用实测的水文气象资料预报洪水过程、影响范围等，判断洪水威胁程度，必要时发布洪水警报，安排洪泛区人员和财产转移。及时、准确的洪水预警报可减少洪灾损失。因此，应最大限度地利用水文气象遥测系统、现代通信和计算机技术，建立健全水情自动测报系统，较准确地做出洪峰流量、洪水总量、洪水位、流速、洪水到达时间等洪水特征值预报，及时对洪泛区发出警报，做好抗洪抢险准备，以避免或减少重大的洪灾损失。世界各国对洪水预报和预警系统的建立都十分重视，美国、日本、西欧等发达国家在洪水预警报方面的工作开展得很早，目前技术已达到相当高的水平，我国在这一方面也做了不少工作，已逐步建成了各流域防洪决策支持系统。

（2）制定相关的法令或条例

第一，应制定有关河道、水库、湖泊、分滞洪区管理，水土流失治理和森林保护等方面的法令或条例，加强管理，提高全民防洪减灾意识。

第二，应通过国家、地方政府颁布法令或条例，对河道范围内修建建筑物、地面开挖、土石搬迁、土地利用、植树砍树等进行管理。修建桥梁、码头和其他设施，必须按照规范规定的河道防洪标准进行，不得影响行洪能力。在河道管理范围内，禁止修建围堤、阻水渠道、阻水道路；禁止种植高秆农作物、芦苇、杞柳、荻柴和树木（堤防防护林除外）；禁止设置拦河渔具；禁止弃置矿渣、石渣、煤灰、泥土、垃圾等。如有违反，应按照"谁设障，谁清除"的原则处理。

第三，应通过政府颁布法令或条例，对分滞洪区进行管理。一方面，应控制分滞洪区的社会经济发展；另一方面，应对分滞洪区生态、土地、生产、产业结构、人民生活居住条件等进行全面规划，合理布局，适度开发。

（3）确定应急撤离计划和对策

各地政府应在分滞洪区设立各类洪水标志，并事先建立救护组织、抢救设备，确定撤退路线、方式、次序以及安置等项计划，根据发布的洪水警报，将洪水威胁地区的人员和主要财产安全撤出。

（4）建立洪水灾害损失评估系统

洪水灾害损失评估系统是在水情自动测报系统基础上，再加入洪水灾害损失评估数学模型而成。该系统既能够对洪水过程实时监测，又能够对洪水灾害损失进行快速准确评估，为决策部门指挥抗洪救灾提供科学依据。洪水灾害损失评估涉及自然科学和社会科学许多领域，是一个十分复杂的问题。目前，国内外比较通用的洪水灾害损失评估系统是参数统计模型，即以淹没水深等洪水灾害特征为自变量，以损失率为因变量，利用参数统计方法确定模型参数。

（5）实施洪灾救济和洪水保险

在洪灾发生后，依靠社会筹措资金、国家拨款或国际援助进行救济，可以迅速恢复生产和保障正常生活。救灾虽然不能减少洪灾损失，但可以减少间接损失，增加社会效益。洪水保险是利用社会力量分摊风险，开展社会自救的一种形式。在美国等发达国家，已把洪水保险作为一种强制性的社会保险，利用社会互助救济，来赔偿受灾群众和部门的财产损失。目前我国洪水保险体系还不健全，应借鉴国外先进国家经验，建立和完善我国洪水保险体系。国外经验表明，完善的洪水保险体系可以减轻灾后国家救济负担，有利于社会安定，有利于恢复生产和重建家园，从而避免因洪灾而引起的经济波动和社会不安。

综上所述，防洪非工程措施与防洪工程措施相比有如下特点。防洪非工程措施是适应自然、适应洪水特性以减少洪灾损失为目的；而防洪工程措施的目的是着眼于控制洪水本身。非工程措施涉及行政管理、技术、法律、经济等各方面，在很大程度上属于管理问题，有赖于国家、地方、集体和个人之间的合作；而工程措施则基本上属于工程技术问题。非工程措施主要考虑减少损失程度和风险程度等；而工程措施则通常可以用于防御多少年一遇洪水来表示其保护的程度。非工程措施大多属于洪泛区管理科学，是在洪水发生前，预先进行政策、技术、法律等方面的安排，尽量减少灾害的损失，费用一般较低；而工程措施一般则需要较大的工程投资。实施非工程措施是为了预防洪灾，以使洪泛区得到合理开发利用，一般着眼于未来，具有规划未来的性质；而工程措施不仅考虑保护现有的对象，也要考虑保护未来开发的对象。

4.2.2 水土保持生态修复技术

4.2.2.1 自然退化生态系统修复技术

结合目前不同因素条件背景下导致的生态退化等相关问题，必须结合实际情况展开深入调查，遵循因地制宜基本原则，保证相关治理工作的全面有序开展。对于各个不同地区来说，治理方法也具有明显的差异性。例如，在对盐碱地进行治理时，可以利用挖沟排涝等方式或者在当地进行围栏封育等，对土壤进行不同程度的挖沟以及浅翻处理；在对水源相对丰富区域进行治理时，可以对水利工程进行建设，同时对节水灌溉等措施进行有效实施。目前自然退化生态系统修复技术应用情况，如图4-14所示。

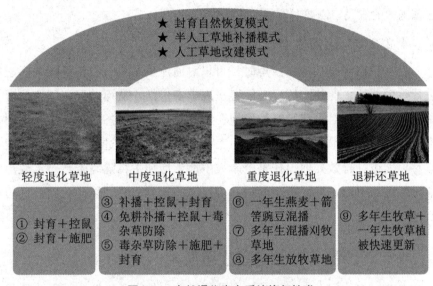

图4-14　自然退化生态系统修复技术

4.2.2.2　过度垦殖、樵采生态系统修复技术

在过度垦殖以及樵采区域范围内推进生态修复工作，可以以退耕还林或者梯田结合等技术手段来进行有效操作，这样能够尽可能地减少人类对于自然环境带来的严重干扰影响，实现对水土流失等相关问题的妥善处理。退耕还林应当结合目前国家提出的一些要求以及基本政策，针对坡度在25°以上的坡耕地进行有效处理，在禁止开垦农田的同时，要积极展开封山育林；针对坡度15°以下的坡地，要遵循因地制宜基本原则，保证水土保持工作的全面有序开展，只有这样才能促使生态环保能力得到提升。

另外，需要对政策当中涉及的优惠以及补贴方式等进行合理利用，从而为农民的基本收入提供保障，促使农民的积极性和主动性得到提升。在退耕还林的基础上，还要实现封山育林，尽可能地减少因樵采带来的生态压力，以此保证自然资本主体恢复速度的提升，只有这样才能实现对水土流失等相关问题的治理。封禁时间的长短，需要结合当地实际情况，对生态系统的类型以及气候条件等展开综合分析之后确定，一般都是以乔木或者灌木为主，整个区域的年限控制在5～8年，草地则为3年，同时针对封育区范围内的农民，需要对新能源进行推广和利用。

4.2.2.3 沿河生态修复技术

沿河生态修复技术在应用时，可以对河流生态系统退化等相关问题进行有效缓解，促使河流形态能够呈现出多样性，从而使河流的弯曲度得到有效恢复。对主河槽及护堤地在内的复合断面形态进行科学合理的构建，可以实现季节性的河道；对工程以及生物措施进行合理利用，能够对护坡进行有效处理；在整个岸坡中适当增加生物隔离带，对水源污染问题进行防治，可以适当增加河流当中的营养成分，以此达到良好的治理效果。

4.2.3 灌区节水配套改造技术

农业缺水的问题在很大程度上要依靠节水技术予以解决，因此加强对流域农业节水技术的研究，以科技创新促进生产力发展，建立与完善适合流域特色的现代农业节水技术体系，将成为促进流域农业可持续发展的重大战略举措之一。

目前，农业节水技术通常可归纳为工程节水技术、农艺节水技术、生物节水技术、化学节水技术和管理节水技术5类，主要从输水、灌水、集水及管理等方面采用工程节水技术完成节水配套改造。

4.2.3.1 输水工程

（1）渠道防渗技术

推广宽畦改宽窄畦、长畦改短畦、长沟改短沟，控制田间灌水量，提高灌水的有效利用率，是节水灌溉行之有效的措施。渠道防渗技术适用于山区水库灌区干支渠输水渠道，可以有效减少渠道的渗漏损失。常用的措施有混凝土衬砌，浆砌石衬、塑料薄膜防渗和混合材料防渗等，与土渠比较一般可节水20%左右。

（2）管道输水技术

管道输水技术是把低压管道埋设地下或铺设地面，将灌溉水直接输送到田间。常用的输水管大多为硬塑管或软塑管。该技术具有投资少、节水、省工节地和节省能耗等优点，适用于地表相对平整的粮田、果树和菜田灌溉，井灌区、水库灌区均可采用，与土渠相比一般可节水25%左右。

4.2.3.2 灌水工程

（1）微灌技术

微灌技术包括滴灌、微喷灌、渗灌及小管出流灌（微管灌）等。该技术将灌溉水加压、过滤，经各级管道和灌水器具灌水于作物根际附近。微灌属于局部灌溉，只湿润部分土壤，主要用于果树、保护地菜田等，与地面灌溉相比可节水80%～85%；与土渠相比一般可节水55%～60%。微灌技术还可以与施肥结合，利用施肥器将可溶性的肥料随水施入作物根区，及时补充作物需要的水分和养分，增产效果好。目前，微灌技术一般应用于大棚栽培和高产、高效经济作物栽培。该技术适用于所有地形的土壤，特别适用于干旱缺水地区。

（2）喷灌技术

喷灌技术是将灌溉水加压，通过管道，由喷水嘴将水喷洒到灌溉土地上。喷灌是目前大田作物较理想的灌溉方式，与地面输水灌溉相比，一般能节水50%～60%；与土渠相比一般可节水35%。但是，喷灌技术所用管道需要压力高，设备投资较大，能耗较大，目前大多在高效经济作物或经济条件好、生产水平较高的地区应用。该技术既适用于平原地区，也适用于山区，特别在地形起伏较大、土壤透水性强、采用地面灌溉困难的地方更为实用。

（3）膜上灌技术

膜上灌技术是将地膜平铺于畦中或沟中，畦、沟全部被地膜所覆盖，以实现利用地膜输水，并通过作物的放苗孔和专设灌水孔入渗给作物供水的灌溉方法，因而膜上灌技术实际上也是一种局部灌溉技术。该技术的突出特点是可通过调整膜畦首尾的渗水孔数及孔的大小来调整畦（沟）首尾的灌水量，以获得较普通地面灌溉方法相对高的灌水均匀度，实现节水、增产的目的。

4.2.3.3 集水工程

集水工程主要包括拦河引水工程、塘坝工程、方塘工程、大口井工程等。其特点是将确定的工程周围天然降水进行有效汇集、存储并有效利用，其目的是最大限度地拦蓄利用地表径流。

（1）拦河引水工程

该工程是按一定的设计标准，选择有利的河势，利用有效的汇水条件，在河道软基上修建的低水头拦河溢流坝（同时须兼顾鱼类洄游需求，维持河道连续性），通过拦河坝将天然降水产生的径流汇集并抬高水位，为农业灌溉和村镇环境用水提供保障的集水工程。

（2）塘坝工程

该工程是按一定的设计标准，利用有利的地形条件、汇水区域，通过挡水坝将自然降水产生的径流存起来的集水工程，蓄水量小于10万立方米。挡水坝可以采用均质坝，并进行必要的防渗处理和迎水坡的防浪处理，为受水地区和村屯供水。

（3）方塘工程

该工程是按一定的设计标准，在地表水与地下水转换关系密切地区截集天然降水的集水工程。为增强方塘的集水能力，必要时要附设天然或人工的集雨场，增强方塘集水能力。

（4）大口井工程

该工程是建设在地下水与天然降水转换关系密切地区的取水工程，也是集水工程的一个组成部分。

此外，相关集水场设施还包括可充分利用的坡面、路面、场院，适宜的棚面、屋面等。坡面是原则植被条件，汇流条件较好的山坡等天然汇流场，向蓄水工程积存水量、调节用水；路面是选择硬铺盖公路路面作为降水汇流场向蓄水工程集存水量，并调节使用；场院是利用农村地区粮谷脱粒场和粮库等相对硬铺盖设施作为集水场向蓄水工程汇流，并调节供水；棚面是充分利用农村的冷棚、暖棚设施作为降水汇流场，向蓄水工程集存水量，并调节水量；屋面是利用农村住宅的屋顶作为集水场，向蓄水工程集存水量，并调节供水。

4.2.3.4 管理节水技术

以桂江流域为例，流域内灌区管理模式主要有以下3种：大型灌区机构＋管理所＋村组（用水户协会）模式、大型灌区管理机构＋县（区）水利局＋乡镇水利站＋村组（用水户协会）模式、水库管理机构（或县水利局）＋水管所（或乡镇水利站）＋村组（用水户协会）模式。但是，部分灌区也存在管理体制不顺，不利于工程管理的情况；部分大型灌区跨越多个市、县，灌区工程隶属关系复杂，管理工作难度大等问题。具体而言，管理节水技术包括组织管理、工程分级管理、精细化经营管理和用水管理。

（1）组织管理

组织管理是各项管理工作的基础，工作内容包括：加快改革和完善，对各项管理内容的实施起保证作用，设立灌溉管理委员会，统筹工程建设、供水、用水、节水、管理等各环节，理顺灌区组织关系。

（2）工程分级管理

工程分级管理内容包括工程设施的控制运用、工程设施的养护、建筑物的观测等工作。灌区工程实施分级管理，支渠及以下渠系由受益地方负责管理。❶因此，针对田间工程管理主体缺位的问题，各受益市（县、区）要积极建立末级渠系工程产权制度体系，组建、完善农民用

---

❶ 赵洪涛．水库中型灌区节水配套改造工程实例探究［J］．中国设备工程，2021（17）：3.

水户协会来替代行政组织管水，落实安全管理责任，加快推进农民用水自治，充分发挥协会的作用，使其真正成为灌区管理的重要组成部分。

（3）精细化管理

为提升灌区管理水平，灌区管理应以事业单位改革为契机，实施绩效工资，落实管理责任制，由专业化管理提升到精细化管理。具体操作包括：一是健全管理标准制度，为推行精细化管理提供制度保障；二是实行岗位责任制度，调动干部、职工的积极性；三是实行绩效考核制度，营造积极的工作氛围；四是建立安全管理责任制，强化工程安全管理，确保工程运行安全可靠。

（4）用水管理

用水管理内容包括：根据灌区气象变化规律、农业种植结构、灌溉用水实践和水源来水规律，拟定年度灌溉预报和水源来水预报，编制灌区年度用水计划和灌溉季节各轮灌期的渠系引配水计划，并对各级放水闸门实行遥测遥控；对灌溉地进行调整，浇地打破村组地界，农户就近用水，减少输水损失。

此外，有条件的灌区可以加快实施灌区信息化工程建设，实现灌溉水资源实时精确监测控制，达到调控迅速、计量准确、优化配置的目标，提高了灌区效益，促进灌区管理的现代化。

4.2.4　生态需水计算方法

4.2.4.1　生态需水的概念

生态系统是生物群落连同其所在的地理环境所构成的能量、物质转化和循环系统，它包括无机环境、绿色植物、动物和微生物四个基本组成部分。生态系统的稳定和发展建立在生态平衡的基础上，由能量平衡、物质循环平衡、生物链平衡构成。绿色植物在生态平衡过程中起的作用十分关键，既是生物链的始端，又是能量转化的桥梁，更是无机物变为有机物的纽带。绿色植物光合作用的能量和物质分别来源于太阳光和水，水作为有限资源在生态系统中起着至关重要的作用。

按照生态系统的组成，生态系统的水分主要包括两个部分：作为无机环境组成部分的河湖等地表水体，以及其他赋存于无机环境中的水分；绿色植物的需水。换言之，具有相互联系的无机环境需水和绿色植被需水就构成了生态系统的需水。

从生态环境和水资源的关系上，区分出生态需水的补给类型意义重大。对于降雨丰沛的山区，生态要素的耗水主要来自降雨，这类地区的生态需水计算对于水土保持用水具有重要的参考价值。山前平原区的生态系统除受少量降雨补给外，主要消耗的是出山口径流量。而盆地生态系统主要依赖河川径流及其入渗补给地下水。山区生态、平原人工区和天然绿洲通过水循环上下衔接彼此影响，是一个前后响应、有机联系的整体。山区生态耗水影响产流量，而人工区的社会经济耗水影响天然绿洲的生态耗水量。

4.2.4.2　生态需水分类

根据补给来源，生态需水可以分为降水性生态需水和径流性生态需水。在降雨形成径流以及径流运动过程中，地带性植被❶所在的天然生态系统完全消耗降水量，非地带性植被所在的天然生态系统以消耗径流为主、以降水为补充，处于地带性与非地带性的交错过渡带以消耗降水为主、径流为补充。

根据生态系统所处环境，生态需水可以分为山区生态需水和平原生态需水，按生态系统形成的原动力分类，又可以细分为天然生态需水和人工生态需水，如图4-15所示。天然生态需水是指基本不受人工作用的生态所消耗的水量，包括天然水域和天然植被需水；人工生态需水是指由人工直接或间接作用维持的生态所消耗的水量，包括用于放牧和防风的人工林草所需水量、维持城市景观所需水量、农业灌溉抬高水位支撑的生态需水量以及水土保持造林种草所需水量等。

本书从降水—径流的发生与演变出发，按山区和平原生态圈层结构分层次计算生态需水，并区分生态需水的水源组成（降水、径流）。本书研究的重点是水利工程直接影响的非地带性天然生态环境保护所迫切

---

❶　地带性植被是指在地球表面与水热条件相适应，呈带状分布的植被。

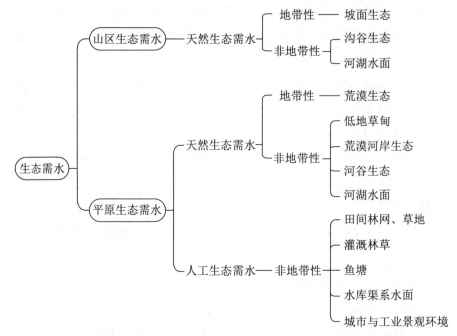

图 4-15　根据生态系统所处环境分类的生态需水

需要的径流性水资源量。

（1）山区生态需水

山区是地带性生态区。山区生态需水与降水的无效蒸发一起，属于水资源（出山径流）形成前的水分消耗。山区形成的径流是平原地区水资源的主要来源。山区生态需水计算的意义在于通过分析山区生态要素对水分的消耗，研究产流区植被恢复等生态保护工程对水资源形成的影响。

（2）平原生态需水

按平原生态圈层结构，平原生态需水可分为地带性生态需水和非地带性生态需水，非地带性生态需水包括天然生态需水和人工生态需水。径流性水资源是平原区生态需水的主要来源，是水资源利用的核心。如果没有特别说明，本章所提到的平原区的生态需水（耗水）专指径流性生态需水。

按平原生态系统形成的原动力，平原生态需水包括人工生态需水和天然生态需水两部分。人工生态需水包括田间林草、水库渠系水面等。天然生态需水包括地带性生态需水和非地带性生态需水。本次计算的人工生态需水只包括受经济用水间接支撑的部分，如田间林网、草地，水库渠系水面的蒸发等。为简化模型和突出主要线索，通过水利工程向生态系统直接供水的部分，如灌溉林草、渔业、城市景观等提供的人工生态用水量，放在国民经济用水中去研究。

由于经济用水量增长，使得生态需水的转化关系日益复杂。首先，经济用水的退水量对生态需水影响大，退水直接成为人工生态需水的主要部分并且加入天然生态需水，使得需水来源多元化。其次，经济用水使径流运动范围与强度都发生变化，导致径流补给中断，减少了生态需水。

4.2.4.3　生态需水计算单元的层级选择

（1）以降水条件为背景的地带性生态分类

生态分区对应于生态需水的分类，以地带性理论为基础，从区域自然地理的主导分异因素来反映地带性规律。一般来讲，气候（主要是温度和降水）和地貌是自然地理环境的两个基本因素，土壤和植被则是反映自然地理环境的两面"镜子"。

（2）以径流活动和人类活动为驱动因素的非地带性生态分类

由于径流作用，在平原区形成不同于降雨作用下的生态景观，像草甸、沼泽、荒漠、河岸林和灌丛等非地带植被。径流活动与降水相互作用，形成干旱区平原特有的生态圈层结构。同时，人类活动非常明显地改变着自然生态景观，使地带、非地带的天然植被由农田等人工植被以及人类居住环境和建设用地等代替。

（3）以土地利用为依据的基本计算单元

以反映地带、非地带水文因素以及人类作用下的群落水平的景观单元为基本单元，确定生态需水具体计算模型。

（4）生态分类与水资源形成演变空间对应关系

地带性分类反映流域的生态本底，即流域所处的地带性植被类型，如塔里木河流域的生态本底是荒漠，伊犁河流域的生态本底是草原。了解流域的生态本底，可以对流域生态的总体情况有整体概念。针对不同的生态本底，水资源开发利用考虑的生态问题有所侧重，如在塔里木河流域，考虑比较多的是河湖萎缩和植被退化，也包括次生盐渍化；而在伊犁河流域，更关心的是次生盐渍化或水污染。

非地带性分类反映径流的分布规律和人类活动对本底生态的改变。径流作用使荒漠的本底上有绿洲，使典型草原和荒漠草原的本底上有建群种，但不是针茅类的草甸和森林。人类活动改变了自然生态结构，形成了农田等人工生态。这一对应关系明确了水资源开发利用对生态的影响范围。

土地利用分类反映径流作用区中不同地下水埋深支撑不同的群落类型或同一群落的不同状态，从而预测水资源开发利用对生物群落的改变。

4.2.4.4　生态需水的分析思路

本项研究的生态需水计算以流域为单元，进行水资源平衡分析。生态需水的分析计算类似于供需平衡分析，从遥感信息土地利用图上读取各类生态面积单元，从植被生理角度分析生态需水，得到天然植被的总腾发量ET，作为植被生态需水总量。各类典型天然植被的ET和农作物的ET一样，通过实验资料获得。将植被和水面的总生态需水量扣除有效降水补充的部分，即为径流性生态需水量GE。利用各个生态圈层天然生态的ET、有效降水深、生态植被面积、径流性水资源占用深度等进行综合平衡，校核生态需水总量的合理性，如图4-16所示。

以流域为单元进行降水和径流统一考虑的水分综合平衡，首先进行降水量的平衡。

第一，山区。将山区降水扣除冰川与裸岩裸地面积上的无效蒸发，同时得到山区生态耗水量（有效降水）和出山口径流量，并将出山口径流加入平原区进行水平衡分析。

第二，平原。将平原原生盐碱地和沙漠戈壁面积上的降水作为无效蒸发，将过渡带和绿洲区域的降水作为有效水深，再加上出山口径流，共同进行生态需水分析。

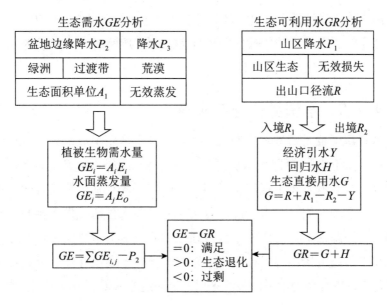

图4-16　内陆干旱区生态需水平衡分析

其次，进行生态可利用水量分析。将出山口径流量 R 加上入境水量 R_1，减去出境水量 R_2，得到实际径流性水资源总量（$R+R_1-R_2$），以此作为平衡分析的总控制量；对绿洲经济用水进行平衡，用总控制量（$R+R_1-R_2$）减去国民经济引水量 Y，得到天然生态直接用水量 G，加上国民经济用水后的回归水量 H，最终得到生态系统可能实际利用的径流性水资源量 GR。

将生态需水量 GE 与生态系统可能实际利用的水资源量 GR 进行平衡分析：当（$GE-GR$）$=0$ 时，表明生态需水得到满足，维持生态系统的正常功能，此时的生态需水即为实际生态耗水；当（$GE-GR$）>0 时，表明经济用水条件下生态需水出现缺口，实际生态耗水等于 GR，将可能导致生态退化；当（$GE-GR$）<0 时，生态系统可能实际利用的水资源量过剩，表明流域内盐碱地耗水占用了宝贵的水资源，实际生态耗水等于 GE，减少盐碱地耗水是节水工作的重要目标。

在进行生态需水预测时，以上述现状生态需水分析为基础，分别以 GE_0 和 GR_0 代表现状，以 EE_0 表示现状实际生态耗水。按以下步骤进行预测；结合国民经济需水预测，计算预测水平年条件下的GR_1与EE_0、GR_0进行综合比较并进行情景分析，最终调整GE_0作为预测水平年的生态需水并对生态面积的变化进行相应预测。

4.2.5　水资源配置与调度

水资源配置是流域水生态文明建设的一个重要组成部分，流域水资源时空分布不均，以区域水资源条件为基础，在符合水量宏观转化关系的基础上，调度各类工程，从时间、空间及不同类别用户间有效合理地配置各类水源。同时，水资源配置工作应与需水预测、供水预测、节水规划、水资源保护等工作相配合，通过不同供需节水方案、水资源保护要求和工程调度措施等组合形成配置方案组合，通过计算、反馈、调整得到各个方案合理的结果，最终采用评价筛选方法得到推荐配置方案。

4.2.5.1　基本原则

第一，以符合实际的水资源系统模拟为基础，包括天然的水循环过程、人工侧支循环的供用耗排过程等各类主要的区域与工程之间的水力联系、各类水源间的转换关系的描述。

第二，合理的工程调度，以实现工程对水源在时间和空间上可控的水资源量的合理分配。

第三，清晰的平衡关系，以保证系统水量在点（节点）、线（渠道、河道）、面（水资源区、流域）3个层面上的平衡。

第四，以现有资料条件为基础，合理设置配置模拟的时空范围等计算规模和精度，并充分利用和结合已有资料，快速得出结果。

第五，长系列计算反映多年调节工程性能及供水保证率。

第六，根据需水、供水、水资源保护等前期成果进行方案设置，建立合理可行定量评价指标体系对结果进行评价比选，选择最佳的推荐方案。

4.2.5.2　水资源配置方案

采用系统概化及系统网络图、系统数学与模型模拟、系统化水量平衡等方法，对整个水资源配置工作进行研究，确定配置方案并进行评估，如图4-17所示。

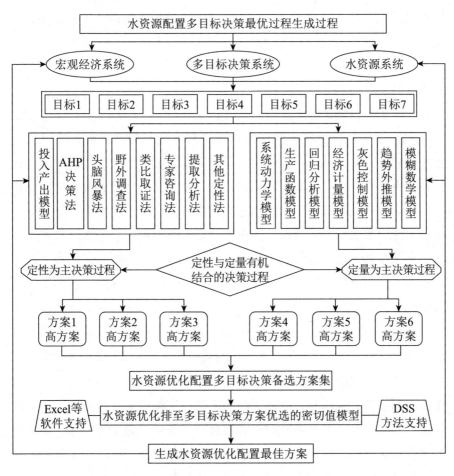

图4-17 水资源优化配置多目标最优方案的生成过程

（1）配置方案设置

水资源配置的方案设置涉及需水预测、节约用水、供水预测和水资源保护等多个环节的内容。相关各方面内容一般其本身就包含多个配置方案的设置，水资源配置工作需要将以上各个方面的配置方案设置有机结合起来形成一个配置方案集，针对各种配置方案进行计算和调试，得出各类有针对性的配置方案，并模拟计算出各配置方案下合理的配置结果，再依据配置方案比选评价原则选择出推荐方案。

配置方案的设置应依据流域社会、经济、生态、环境等方面的具体情况有针对性地选取增大供水、加强节水等各种措施组合。而且配置方案的设置本身也是一个动态的过程，通过"方案—反馈—新方案—再反馈"一系列过程完成配置方案的设置，最后得到水资源配置模型计算的基本方案集。

（2）配置方案评价比选

配置方案的比选应根据配置方案经济比较结果及社会、环境等因素综合确定。对比选的配置方案及其主要措施要进行技术经济分析。还应根据有效性、公平性和可持续性原则，从社会、环境、效益等方面按具体制定的评比指标体系，采用适当评价方法，对供需平衡计算所得到的配置方案集进行分析比较，选出综合表现最好的配置方案作为推荐方案。对于推荐方案以完整的评价指标体系进行全面评价，得出推荐方案对地区社会经济发展可能产生的影响及程度。配置方案的评价要从水资源所具有的自然、社会、经济和生态等属性出发，分析对区域经济发展各方面的影响，采用完善的指标体系对其进行评价，全面衡量推荐方案实施后对区域经济社会系统、生态环境系统和水资源调配系统的影响。

水资源合理配置的评价指标体系包括以下3大类：一是可直接定量的指标，如投资、耗水量、灌溉面积等；二是可间接定量的指标，如灌溉水综合利用系数、扩大灌溉面积和粮食产量等；三是定性指标，如配置方案公众认同程度、实施管理难易程度等，通过统计分析、经验判断和其他数学方法量化确定。根据评比指标中的各项结果，并比较各配置方案之间的相互差别，从总体上说明配置方案存在的问题和可行性。

（3）水资源优化调度

水资源优化调度采用系统分析方法及最优化技术，研究有关水资源配置系统管理运用的各个方面，并选择满足既定目标和约束条件的最佳调度策略的方法。水资源优化调度是水资源开发利用过程中的具体实施阶段，其核心问题是水量调节。

水资源优化调度的工作步骤一般为：明确调度目标及各类约束条件；建立适当模型并选择优化方法；分析结果并形成调度方案；利用行政

及经济手段促进调度方案的执行；利用实际调查或其他调度方案的模拟，确定是否有必要改进目标、模型、求解方法、调度规则及水费体系等。

　　进行水资源优化调度求解算法有数学规划方法、网络流方法、大系统分解协调方法和模拟技术。结合国内外开展生态调度的实践经验，基于适应性管理的基本原则，开展多目标生态调度方式调整，其基本步骤可分为4个部分：一是评价现行水库调度对河流生态的影响；二是明确改善水库调度的生态目标；三是量化水文改变与生态响应的关系；四是计算生态目标的环境水流需求。保障生态需水的水库调度技术流程如图4-18所示。

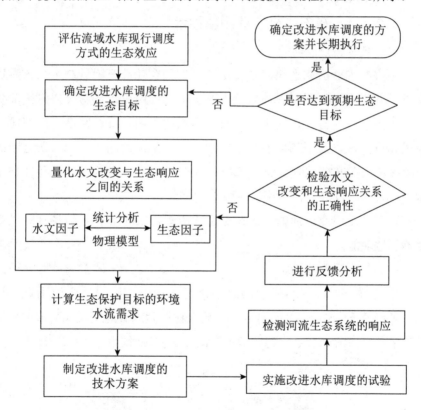

图4-18　保障生态需水的水库调度技术流程

4.2.6　河道敏感生境保护与修复技术

河道内敏感生境主要包括江河源头、天然湿地、特有及珍稀鱼类

"三场一通道"等重要的生物栖息地。在开展河道内敏感生境保护与修复时，需要考虑河流形状（如河长、河宽、空间范周、连续性）、流水状态（如水位、流速、流量、水温、水质）、土壤状态（如黏土、沙土等）的多样性，并结合浅滩、深渊和瀑布等自然地质条件，保护并创造丰富多彩的自然环境、与当地风土相结合的自然景观，实现自然与人类共存。目前，采取的生境保护与修复关键技术主要有河流近自然修复技术、栖息地微生境恢复与修复技术、生态廊道恢复与修复技术，栖息地关键水生植被恢复与修复技术等，创造出多样的生境条件。

4.2.6.1 砾石／砾石群构建技术

（1）技术特点及功能

不宜在细砂河床上应用这种结构，否则会在砾石附近产生河床淘刷现象，并可能导致砾石失稳后沉入冲坑。设计中可以参考类似河段的资料来确定砾石的直径、间距、砾石与河岸的距离、砾石密度、砾石排列模式和方向，以及预测可能产生的效果。在平滩断面上，砾石所阻断的过流区域应在20%～30%。一组砾石群一般包括3～7块砾石，间距在15厘米～1米，砾石群之间的间距一般为3～3.5米。

砾石要尽量靠近河槽，约在深泓线两侧各1/3范围，以便加强枯水期栖息地功能。

（2）技术适应范围

砾石群一般应用与微观栖息地修复与加强，比较适合于顺直、稳定、坡降介于0.5%～4%的河道，在河床材料为砾石的宽浅式河道中应用效果最佳。河流砾石群构建技术示意图如图4-19所示。

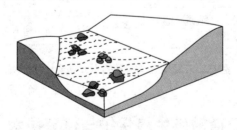

图4-19 河流砾石群构建技术示意图

4.2.6.2　圆木／矮树枝／岩石护坡和遮蔽技术

（1）技术特点及功能

一般而言，树墩根部的直径为25～60厘米，树干长度为3～4米。树墩主要应用于受水流顶冲比较严重的弯道凹岸坡脚防护，可以连成一排使用，也可以单独使用，用于局部防护，还可以采用岩石、低矮灌木树枝和圆木组合的形式构造。要求树根盘正对上游水流流向，树根盘的1/3～1/2埋入枯水位以下。如果冲坑较深，可以在树墩首端垫一根木；如果河岸不高（平滩高度的1～1.5倍），可以在树墩尾端用漂石压重；如果河岸较高，并且植被茂密，根系发育，可以不使用枕木和漂石压重。

（2）技术适应范围

该技术可用于中小溪流主槽内、岸坡。通常情况下，可以采用带树根的圆木控导水流，保护岸坡低于水流冲刷，并为鱼类和其他水生生物提供栖息地，并提供食物来源。圆木/矮树枝/岩石护坡和遮蔽技术示意图如图4-20所示。

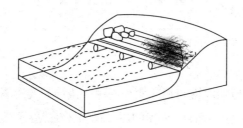

图 4-20　圆木／矮树枝／岩石护坡和遮蔽技术示意图

4.2.6.3　叠木支撑技术

（1）技术特点及功能

在平面布置上，要依据河道地形条件，进行合理设计。顺河向的圆木要水平布置在河道坡面，在弯道处要顺势平滑过渡。垂直与河道岸坡平面的圆木要深入岸坡内一定深度，一般在1/2圆木长度范围以上，使之具有一定的抗拉拔力。鉴于该技术术语和结构工程的专业范畴，必须有专业人员参与，对所设计的土坡稳定性、土压力和基础承载力等问题，需要经过专业计算分析。具体尺寸和材质要求主要取决于叠木支撑结构的高度及河道的水流特性，要满足抗滑、抗倾覆及沉降变形等方面的稳定性要求。

（2）技术适应范围

该技术主要应用于河岸侵蚀严重的区域，起到岸坡防护作用。尽管这种结构不能直接增强河道内栖息地功能，但通过岸坡侵蚀防护作用及后期发育形成的植被，有助于提高河岸带栖息地质量。叠木结构示意图如图4-21所示，叠木支撑平面布置及掩蔽区断面结构示意图如图4-22所示。

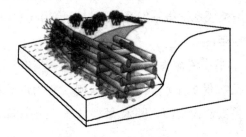

图4-21　叠木结构示意图

4.2.6.4　挑流丁坝技术

（1）技术特点及功能

一般来说，自然河道内相邻两个深潭（浅滩）的距离在5～7倍河道平滩宽度范围，因此上下游两个挑流坝的间距至少应达到7倍河道平滩宽度。

丁坝向河道中心的伸展范围要适宜，对于小型河流或溪流，挑流坝顶端至河对岸的距离即缩窄后的河道宽度可在原宽度的70%～80%。若丁坝位置和布局设计不合理，则有可能导致对面河岸的淘刷侵蚀，造成河岸坍塌，此时需要再对岸采取适宜的岸坡防护措施。

（2）技术适应范围

挑流坝一般应用与纵坡降缓于2%，河道断面相对比较宽而水流缓慢的河段，通常沿河道两岸交叉布置，或成对布置在顺直河段的两岸（图4-23），用于防止治理河段的泥沙淤积，重建边滩，或诱导主流呈弯曲形式，使河流逐渐发育成深潭和浅滩交错的蜿蜒形态。

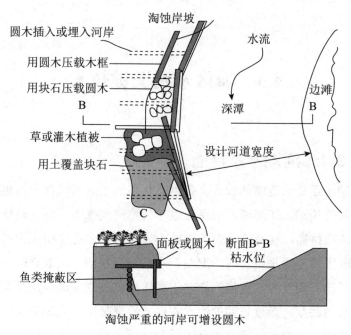

淘蚀岸坡

圆木插入或埋入河岸

用圆木压载木框

用块石压载圆木

B

草或灌木植被

用土覆盖块石

C

水流

深潭

边滩

B

设计河道宽度

面板或圆木　断面B-B
枯水位

鱼类掩蔽区

淘蚀严重的河岸可增设圆木

图4-22　叠木支撑平面布置及掩蔽区断面结构示意图

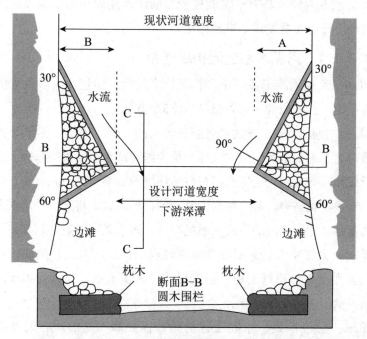

现状河道宽度

B

A

30°

水流

水流

30°

C

90°

B

B

60°

60°

设计河道宽度

下游深潭

边滩

边滩

C

枕木

枕木

断面B-B
圆木围栏

图4-23　布设在河流两侧的挑流丁坝示意图

4.3　城区水网关键技术

4.3.1　河湖水系连通

河湖水系是水资源的载体，是生态环境的重要组成部分，也是经济社会发展的基础。江河湖库水系连通（又称河湖水系连通）是优化水资源配置战略格局，提高水资源保障能力，促进水生态文明建设的有效举措。河湖水系连通是以江河、湖泊、水库等为基础，采取合理的疏导、沟通、引排、调度等工程措施和非工程措施，建立或改善江河湖库水体之间的水力联系。经过长期的治水实践，特别是中华人民共和国成立以来大规模的水利建设，目前部分流域和区域已初步形成了以自然水系为主，人工水系为辅，具有一定调控能力的江河湖库水系及其连通格局，为促进经济社会发展发挥了重要作用。

4.3.1.1　河湖水系连通构成要素

河湖水系连通将形成一个多目标、多功能、多层次、多要素的复杂水网巨系统，其构成要素可以概括以下3个方面。

第一，自然水系。通过自然演进形成的江河、湖泊、湿地等各种水体构成自然水系，是水资源的载体，是实施河湖水系连通的基础。自然水系的形成和发育过程受地质作用和自然环境的影响，如地壳运动、地形、岩性、气候、植被等，是一种极为复杂的自然现象。自然水系是水系连通实施的基础条件，区域的河网水系越发达，则水系连通条件越好。

第二，人工水系。人类社会发展过程中修建的水库、闸坝、堤防、渠系与蓄滞洪区等治理工程，不仅形成了人工水系，而且为实现河湖水系连通提供了有效手段和途径。

第三，调度准则。水利工程的运行需要靠一定的运行调度准则来实现，如防洪、调水、灌溉等。目前的调度准则正在向以流域为单元，统筹考虑上下游、左右岸以及不同区域防洪、发电、灌溉等效益方向发展。河湖水系连通将构建一个多目标、多功能、多层次、多要素的复杂水网系统，必须从更高的层次、更大的范围、更长的时段统筹考虑连通区域（包括调水区域和受水区域）的经济社会、生态环境等各方面的水情、工况和需求。考虑到河湖水系连通工程的庞大性、连通格局的复杂性和气候变化影响的不确定性，势必要求调度准则更为全面、宏观，精确、及时，从而使河湖水系连通工程真正实现引排顺畅、蓄泄得当、丰枯调剂等目的。

4.3.1.2 河湖水系连通特征

河湖水系连通是实现水资源可持续利用、人水和谐的迫切要求。通过河湖水系连通构建国家和区域、流域水网体系，是提高水资源统筹调配能力，改善河湖健康能力、增强抵御水旱灾害能力的重要途径。河湖水系连通战略的实施，将以国家"四横三纵"的水网体系为基础进行扩充和完善，形成南北调配、东西互济、功能综合、规模庞大的复杂水网系统。与现有的河湖水系相比，这一复杂水网系统具有如下特征。

（1）复杂性

河湖水系连通研究对象复杂，包括全国范围的河湖水系，是"自然—人工"复合水网体系，覆盖地域广，地形地貌，水系结构复杂；构成要素众多，包含河流、湖泊、湿地等自然水系，水库、渠道、泵站等水工程组成的人工水系，以及为实现各种连通目标的调度准则；影响因素众多，既有自然演变、气候变化的影响，也有人类活动的影响，存在很大的不确定性，与水网的不确定性叠加后，将使复杂水网系统存在更大的不确定性；满足目标多样，需要统筹流域和区域发展需求、安全需求，生态需求和文化需求，兼顾上下游、左右岸，统筹水资源（包括地表水、地下水、土壤水）开发、利用、节约与保护，提高河湖水系连通与经济社会发展以及生态环境保护的协同性。

（2）系统性

水资源时空分布不均，要求必须用系统的、全局的观念去分析、解决，而河湖水系连通战略是运用系统观的思路，水系网络化的对策，解决宏观水资源和生态环境问题的重大举措。河湖水系连通战略研究必须综合考虑水资源调配及安全，水生态修复、水环境改善和社会经济的可持续发展，由关注单一区域/流域水资源短缺或环境恶化问题扩展到系统分析和综合研究多区域、多时段，高度不确定性的水资源问题。河湖水系已经发展成为一个由河湖水系，社会经济、生态、环境等众多子系统组成的复杂的"水系—社会经济—生态"复合系统。该系统内水系、社会经济、生态等各个子系统之间相互联系、相互影响，在时间和空间上形成相互交织、作用、制约、影响的复杂关系，推动系统不断运动、发展和变化。

（3）动态性

河湖水系连通是一项动态的系统工程，与人类社会，经济、技术等密切相关。其动态性包括河湖水体的动态性和河湖水系连通过程的动态性两个方面。首先，河湖水系内部构成要素不断流动。水体不断流动，一方面沿着原来水系流动方向流动，另一方面根据需求和调度准则，水体流向及形态在空间、时间上发生转变和移动。例如，通过调水工程使水由水多的地区调向水少的地区，由丰水期补充枯水期，由河流调向湖泊、湿地等水体，这些都会引起河湖水系系统功能、结构的变化。其次，随着社会经济的发展，生态环境保护与改善对江河治理目标的调整，以及人类对河湖水系规律认识的深化，河湖水系连通技术的进步，河湖水系连通的目标、途径、手段和调度准则都会相应调整，河湖水系连通的功能也会随之变化。

（4）时空性

时间和空间是物质运动的基本属性。河湖水系连通同样具有时间和空间的属性，具体表现在两个方面：一是连通水体的时空性，不同的水体在不同的地域，时段呈现不同的特性，水流过程在不同的时间和空间也呈现不同的特性，水量、水质都会呈现时空分布不均的特点；二是连通工程的时空性，由于我国水资源时空分布的不均匀性，河湖水系连通工程具有强烈的时空性。基于河湖水系连通的时空性，河湖水系连通必须因地制宜，根据不同的问题和需求，宜连则连，宜阻则阻，选择不同的连通方式，实现合理连通，有效解决水资源时空分布不均问题，实施跨地域、跨时间的水资源优化调配和防洪调度，达到丰枯调剂、多源互补的目的。

4.3.1.3 河湖水系连通的基本原则

（1）科学规划，合理布局

应紧密结合流域和区域功能定位、发展战略和河湖水系特点，以水资源综合规划、流域综合规划、防洪规划等为基础，科学布局连通工程。

（2）保护优先，综合利用

应在保证连通区域水量，水质及水生态安全的前提下进行河湖水系连通，充分发挥河湖水系连通的资源、环境、生态等多种功能。

（3）因地制宜，分类指导

应充分考虑连通区域的自然条件、水利基础和经济社会发展对河湖水系连通的合理需求，因势利导地开展河湖水系连通工作。

（4）深入论证，优化比选

应遵循自然规律和经济规律，加强连通工程的论证和方案比选，高度重视河湖水系连通对生态环境的影响，注重连通工程的风险评估。

（5）强化管理，注重效益

应加强连通工程的运行管理，注重连通工程的水量—水质—水生态联合调度，充分发挥河湖水系连通的综合效益。

4.3.1.4 河湖水系连通功能

河湖水系连通是一个复杂、庞大的系统体系，涉及资源、环境、社会、经济等各方面的要素，具有高度的综合性。通过河湖水系连通工程，可以统筹调配水资源，全面改善水生态与水环境，有效抵御水旱灾害。

（1）提高水资源配置能力

随着全球气候变化的影响和我国经济社会的快速发展，我国"北少南多"的水资源分布格局更为明显，经济社会发展格局和水资源格局匹配关系不断演变，用水竞争性加剧。从全国主要流域和地区水资源缺水情况看，北方地区主要表现为资源型缺水和对水资源的不合理开发利用，其中黄河、淮河、海河、辽河4个水资源一级区总缺水量占全国总缺水量的66%；南方地区主要表现为工程型缺水，部分地区存在资源型缺水。从目前全国水资源整体配置情况来看，部分地区仍存在水资源承载能力不足的情况，尤其是我国北方地区，水资源严重短缺，经济社会用水挤占生态环境用水，供水安全风险逐步加大，水资源供需矛盾日益突出。为了区域经济社会的可持续发展，以河湖水系连通合理调整河湖水系格局，调整、改善水资源与经济社会发展布局的匹配程度，提高流域和区域水资源承载能力。通过构建城乡供水网络体系，可以逐渐提高水资源统筹调配能力，提高供水保证率，保障人民的饮水安全、供水安全和粮食安全。

（2）改善河湖健康保障能力

随着经济社会的快速发展，废污水排放量日益增大而治污力度不足，水污染加剧，水生态环境状况严重恶化。水质型缺水已经成为限制我国经济社会发展和生态环境保护的瓶颈问题。水质型资源短缺要求必须通过各种途径提高水质质量，改善水生态环境。对于污染严重的水体而言，单纯靠传统的节水、治污措施不能满足环境生态改善的需求，要通过引调水等河湖水系连通工程，来改善河湖水系水生态环境状况，提高区域水环境承载能力。总之，在严格控制污染物排放的前提下，通过河湖水系连通可以改善河湖水体的流动性，提高自净能力，充分发挥水生态系统的自我修复能力，维护河湖主要目标健康，增强水环境承载能力，保障生态安全。

（3）增强抵御水旱灾害的能力

洪水和干旱灾害是我国主要的自然灾害，严重制约着经济社会的发展。随着气候变化及人类活动的加剧，极端事件发生频率呈不断增长的趋势，在局部地区仍然存在江河下游河床淤高、河道淤积的问题。同时，与河流连通的众多湖泊洼淀由于垦殖等问题，调蓄能力大幅降低；

有的蓄滞洪区被占用成为经济社会用地，压缩了水系空间，导致其防洪能力减弱，极易对人民生命财产造成损害；干旱灾害也表现出频次增高、持续时间延长和损失加重等特点。对此，河湖水系连通不仅为洪水提供畅通出路，维护洪水蓄滞空间，而且能够为干旱地区调配水源，维持水资源供给，有效降低洪涝灾害风险，保障防洪、供水安全。

4.3.1.5　河湖水系连通类型

河湖水系连通性表现为流域内河流与湖泊、河道与河漫滩之间物质流、能量流、信息流和物种流保持畅通。❶

在河流与湖泊连通性方面，河湖间的自然连通保证了河湖间注水、泄水的畅通，维持着湖泊最低蓄水量和河湖间营养物质的交换。年内水文周期变化和脉冲模式，为湖泊湿地提供动态的水位条件，使水生植物与湿生植物交替生长；水位变化为鱼类等动物传递其繁殖、生存所需的信息；河湖水系连通还为江河洄游性鱼类提供迁徙通道，为生物群落提供丰富多样的栖息地。由于自然因素和人类活动的双重作用，不少湖泊失去了与河流的水力联系，出现了河湖阻隔。在出现河湖阻隔后，物质流、信息流中断，江湖洄游性鱼类和其他水生动物迁徙受阻，鱼类产卵场、育肥场和索饵场减少。同时，湖泊上游工业、生活污水排放造成湖泊生态系统退化，加之湖区大规模围网养殖污染，水体置换缓慢，水体流动性减弱，湖泊水质恶化，使不少湖泊从草型湖泊向藻型湖泊退化，引起湖泊富营养化，导致河湖生态系统退化。

在河道与河漫滩连通性方面，河道与滩区间的连通使汛期水流能够溢出主槽向滩区漫溢，为滩地输送营养物质，促进滩地植被生长。而鱼类可游到滩地产卵或寻找避难所。在退水时，水流归槽带走腐殖质，鱼类回归主流，完成河湖洄游和洲滩湿地洄游。然而，不透水的河湖堤防和护岸会阻碍垂向的渗透性，削弱地表水与地下水的连通性，导致栖息地条件恶化，水生生物多样性下降。

---

❶ 李宗礼，刘昌明，郝秀平，等. 河湖水系连通理论基础与优先领域 [J]. 地理学报，2021（3）：12.

4.3.1.6　河湖水系连通性恢复方法

河湖水系连通性恢复是河湖生态修复的重要措施，主要目标是恢复流域内河流—湖泊系统和河流—河漫滩系统的连通性，具体步骤为：河湖水系连通性生态调查—河湖水系连通性分析—河湖水系连通性改善目标和连通方案确定。

（1）河湖水系连通性生态调查

河湖水系连通性生态调查分析分为地貌—水文调查、水质调查和生物及栖息地调查三大类。其中，水质调查可采取常用方法，这里不再赘述。

①地貌—水文调查

地貌—水文调查包括地貌单元统计和河流—湖泊系统与河流—河漫滩系统地貌动态格局调查。通过历史资料、现场查勘、卫星遥感图对比分析以及数字高程模型技术，调查水系的连通情况，包括河流纵向连续性、河流—河漫滩系统的横向连通性、河流—湖泊连通性，并对连通情况进行综合分析。在流域尺度上，地貌单元调查包括干流和支流河道，湖泊、大型湿地、故道、河漫滩、河湖间自然或人工通道、堤防、闸坝、农田、村庄、城镇等。

湖泊、河流、故道、滩地和湿地的水面面积和水位都随水文周期发生变化，形成河流—湖泊系统和河流—河漫滩系统的动态空间格局。这种动态空间格局形成了多样化的栖息地，满足多种生物生活史的生境需求。动态空间格局可用丰水期和枯水期的空间格局代表。空间格局调查项目重点是丰水期和枯水期湖泊、湿地以及河漫滩的水位和面积及其变化率，变化率可以反映栖息地多样性程度以及洪水脉冲作用强度。

②生物及栖息地调查

生物及栖息地调查包括洄游性鱼类及栖息地调查、湿地动植物调查。洄游性鱼类调查包括洄游性鱼类种类，连接鱼类不同生活史阶段适宜水域的洄游通道类型。鱼类栖息地包括其完成全部生活史过程所必需的水域范围，如产卵场、索饵场、越冬场，需要调查其位置和面积。

河漫滩及湿地大多属水陆交错地带，生境条件多样，植被类型丰富。其调查重点是：一是湿地景观格局变化；二是湿地植被群落结构变化，包括当地物种和外来物种增减状况、植被生物量变化；三是水鸟及其栖息地状况，包括水鸟数量特别是国家一、二级保护水鸟数量动态变化以及物种组成变化。

（2）河湖水系连通性分析

第一，历史对比。可以把我国20世纪50年代的河湖水系连通状况作为参照系统即理想状况，将现状与之对比，识别河湖水系连通性的变化趋势。对比的目的是掌握历史河湖水系连接通道状况以及湖泊、湿地面积变化。

第二，河湖水系阻隔成因分析。在历史对比的基础上，应进一步分析河湖水系阻隔的原因，识别是自然因素还是人为因素所致。自然原因包括泥沙淤积阻塞连接通道；河势演变形成故道脱离干流；受气候变化、降雨量减少影响，径流量减少，改变了河湖连通关系。人为因素有多种，包括：一是围垦建设阻隔河湖，引起湖泊面积缩小及湖泊群的人工分割；二是闸坝运行切断湖泊与干流的水力联系；三是水库清水下泄下切河道，改变河湖高程关系；四是农田、道路、建筑物侵占滩地；五是堤距缩短，隔断主流与滩区的水力联系。

第三，生态服务功能评价。在历史对比及成因分析的基础上，应建立生态服务功能评价体系，评价由于河湖水系阻隔造成的生态服务功能损失。要重点评价河湖水系阻隔造成的洄游性鱼类和底栖动物的生物群落类型、丰富度和物种多样性退化；鱼类栖息地个数变化以及洲滩湿地和河漫滩植被类型、组成和密度变化；珍稀、濒危和特有物种的潜在风险。在机理分析方面，不仅要评价水面面积缩小的生态影响，还应分析水动力学条件改变导致激流生物群落向静水生物群落演替的影响，以及削弱洪水脉冲作用对于生物物种多样性的影响，在此基础上进一步分析包括供给、支持、调节和文化功能在内的河湖生态系统生态服务功能的降低程度。

第四，综合影响评价。河湖阻隔或堤距缩窄，不仅会降低湖泊或河漫滩所具备的蓄滞洪能力，还会导致洪水流路不畅，增加洪水风险。河湖水系阻隔不仅会影响生态系统，而且会对防洪、供水、环境产生不利影响，河湖水系阻隔还会对流域和区域的水资源优化配置产生不利影响。如果湖泊失去与河流的天然水力联系，那么湖泊换水周期会延长，湖泊湿地对污染物的净化功能会下降，从而加重湖泊水质恶化。因此，应对河湖水系阻隔对生态、防洪、供水和环境的影响做出综合定量评价。

（3）河湖水系连通性改善目标和连通方案确定

根据河湖水系连通性分析，以水资源配置为主的河湖水系连通，要根据水资源合理配置于高效利用体系建设的总体要求，充分考虑区域水系格局，水资源禀赋条件和生态环境状况，统筹区域之间、行业之间、城乡之间的用水关系，注重多水源的互通互济和联合调度，重点提高供水保障能力和应急抗旱能力；以防洪减灾为主的河湖水系连通，要根据流域防洪体系建设的总体要求，综合考虑流域洪水蓄泄关系和洪水出路安排以及洪水资源利用与生态功能，统筹安排泄洪通道与蓄滞场所，重点提高江河蓄泄洪水的能力；以水生态环境修复与保护为主的河湖水系连通，要根据区域与城市生态保护与修复的要求，在强化节水和严格防治污染的基础上，结合水资源配置体系，保障生态环境用水，修复河湖和区域的生态环境，重点提高水资源和水环境的承载能力。

第一，确定目标以历史上的连通状况和地貌—水文特征为理想状况。自然河湖水系连通格局有其天然合理性，这是因为在人类生产活动尚停留在较低水平的条件下，河流与湖泊、湿地维系着自然水力联系，形成了动态平衡的地貌—水文系统。湖泊湿地与河流保持自然水力联系，不仅保证了湖泊湿地需要的充足水量，而且周期变化的水文过程也成为构建丰富多样的栖息地的主要驱动力。考虑到经过几十年的开发改造，加之气候条件的变化，河湖水系的水文、地貌状况已经发生了重大变化，完全恢复到大规模河湖改造和水资源开发前的连接状况几乎是不可能的。只能以历史上较为自然状况下的河湖水系连通状况作为参照系统，再根据现状经济社会发展的需求，充分考虑河湖水系连通要素层，包括水文（如湖泊年蓄水量、水文过程）、地貌（如连通格局、连接通道布置）和生物（如洄游性鱼类、鸟类和湿地植物群落），最终确定改善河湖水系连通性目标。

第二，优化河湖水系连通格局，实现生态效益和经济效益最大化。河湖水系连通的连接方式主要有两种：一种是恢复历史连接通道，另一种是根据水文、地貌变化条件开辟新通道。对于已建控制闸坝的湖泊可改进调度方式，实施生态调度，增加枯水季入湖水量，满足湖泊湿地生态需水。经过论证也可拆除部分控制闸坝，实现河湖自然连接。针对各连通格局初步方案，应进行水文学和水力学计算、河势稳定性分析、河流泥沙动力学计算以及成本效益分析，通过方案优选，达到生态服务功能最大化方案。方案选择还需要把握我国河湖区域特点。例如，东部地区以巩固优化水系格局和连通状况以及合理恢复历史连通为重点，针对东部地区经济发达，河网密布、循环不畅、水环境压力大等特点，应加快连通工程建设，维系河网水流畅通，率先构建现代水网络体系。中部地区以恢复、维系、增强河湖水系连通性为重点，针对中部地区水系复杂，河湖萎缩、蓄滞洪水能力降低等问题，应积极实施清淤疏浚、打通阻隔、新建必要的人工通道，提高水旱灾害防御能力和水资源调配能力。西部地区以修复和保护生态环境、保障能源基地和重要城市用水为重点，针对西部地区缺水严重、生态脆弱、人水矛盾尖锐等问题，应在科学论证、充分比选的基础上，合理兴建必要的调水工程，缓解水资源短缺和生态恶化的状况。东北地区以保障老工业基地、城市群和粮食生产用水为重点，针对东北地区水资源分布不均、水体污染、湿地萎缩等问题，应开源节流并举，在有条件的地方加快河湖水系连通工程的建设，恢复湖泊湿地，提高城乡供水保障能力。

4.3.1.7　河湖水系连通性恢复措施

河湖水系连通性恢复措施包括工程措施和非工程措施两类。

（1）工程措施

工程措施包括：连接通道的开挖和疏浚；拆除控制闸坝，退渔还湖，退田还湖，恢复湖泊湿地河滩；拆除岸线内非法建筑物、道路改线；清除河道行洪障碍；扩大堤防间距，扩展滩区；建设洄游性鱼类过鱼设施，加强栖息地建设；点源污染与面源污染控制；生物工程措施，包括通过人工适度干预，恢复湖泊天然水生植被，提高湖泊水生植物覆盖率，恢复滩区植被；采用生态型护岸结构；恢复河流蜿蜒性。

（2）非工程措施

非工程措施包括：改进已建闸坝的调度运行方式，制定运行标准，保障枯水季湖泊、湿地的生态需水；依据湖泊生态承载能力，划定环湖岸带生态保护区和缓冲区范围，明确生态功能定位；实施流域水资源综合管理，对河流、湖泊、湿地、河漫滩实施一体化管理，建立跨行业、跨部门协商合作机制，推动社会公众参与；建设生态监测网，开展河湖水系连通性和河流健康评价。

4.3.2　非常规水资源开发利用

4.3.2.1　非常规水资源的分类

非常规水资源是相对于常规水资源提出的一个概念，目前对于非常规水资源的含义仍没有明确的界定。一般而言，区别于高质量地表水、地下水的水资源都可以划入非常规水资源的范畴，如城镇污水、微咸水、矿坑水、海水以及来自大气的水（如雨、雪、冰、空气水）等。可以说，充分利用非常规水是解决城市缺水问题的必要手段。

目前，按照非常规水资源的收集途径，可将其分为以下几类。

（1）雨水

雨水主要是指城市雨洪的利用。城市的道路、建筑物、屋顶、公园、绿化地等都是截留雨水的好场所。降雨形成的大量径流一般都是汇集到排污管道或沟道白白流走。在城市中汇集的雨洪一般有毒物质含量较低，经过简单沉淀处理即可用于灌溉、消防、冲厕、冲洗汽车、喷洒马路等。随着城市绿化覆盖率日益增加，灌溉、洗车及其他清洁用水量将大大增加，因此必须重视城市雨水的利用。

（2）劣质水

劣质水包括含有一定盐分的地下水（指微咸水），经处理的城市生活污水和某些工业废水（指再生水），可以用作灌溉或供给、工业、生活、环境之用。

微咸水是地下微咸水的简称，按照矿化度划分。在水资源评价工作中，一般将矿化度$M<2$克每升的地下水称为淡水，将矿化度2克每升$\leq$$M<3$克每升的地下水称为微咸水，将矿化度$M\geq3$克每升的地下水称为咸水。有时，也将矿化度3克每升$<M\leq5$克每升的地下水称为半咸水，将矿化度$M>5$克每升的地下水称为咸水。

（3）海水

海水利用包括直接利用海水和海水淡化。就当前的科学技术水平而言，海水淡化的成本仍较高。随着科学技术的发展，其成本必然会进一步降低，不久的将来，淡化海水将成为沿海地区的一种有实用价值的水资源。

（4）回归水

国际上对灌溉回归水的利用十分重视，早在1977年，美国就主持召开了灌溉回归水质管理会议，总结了各地利用回归水的经验，研究回归水中氮的含量、回归水的管理以及灌溉回归水模型等。我国灌区的回归水量大，特别是南方水稻种植地区，回归水的含盐量很小，可以汇集后再次利用。但是，在我国西北干旱地区，这方面的利用不多。

（5）土壤水

从某种意义上讲，土壤犹如一个天然的蓄水库，可以存蓄雨水和灌溉水。通过改进耕作方式和种植制度，采取覆盖措施、添加保水剂和抑制蒸发药物等，增加土壤蓄水，保墒能力，达到节约灌溉用水的目的。我国在这方面已有不少经验，如在覆盖条件下进行灌溉和保墒技术、土壤墒情监测和预报新技术等。

（6）雾水和露水

在特殊的环境条件下，可以从雾水和露水中取得一定的水量，以供生活、畜牧用水、植树或供作物生长之用。除植物直接利用以外，可以用人工表面或简单的装置使雾和露凝结成水。

（7）疏干水

疏干水也称矿井水，来自地下水系统，主要是指在矿产资源（尤其是煤炭资源）开采过程中从岩层中涌出而流入矿井或矿坑的地表水或地下水。大部分疏干水在不同程度上存在杂质和污染物质，需要经过净化处理后才能被生产和生活利用。疏干水水源工程的特点是多点分散但单点规模不大，水质一般不满足工业生产、生活或者水生态保护标准，需要经过处理后才能使用，且要保证供水保证率，调度运用必须严格、正规，充分考虑供水风险。

4.3.2.2 非常规水利用的作用及意义

在全球传统水资源匮乏的背景下，非常规水利用程度已成为一个地区水资源开发利用先进水平的重要标志。我国是一个严重干旱缺水的国家，淡水资源总量占全球水资源的6%，仅次于巴西、俄罗斯和加拿大，水资源总量相对比较丰富，为2.8万亿立方米，但人均水资源量只有2 300立方米，仅为世界平均水平的1/4，是全球人均水资源最贫乏的国家之一。因此，有必要探讨非常规水资源的开发利用及其存在问题。从当前中国经济社会发展来看，水资源量正迅速接近承载力的上限，水资源短缺问题将越来越成为我国农业和经济社会发展的制约因素。

以再生水、疏干水和微咸水等为主要类型的非常规水资源是常规水资源的重要补充，经处理后达到相应水质标准的非常规水资源可以用于工业、农业、牧业、城市环境、河湖生态等各个方面，是未来流域水资源配置的重要组成部分。在水资源量的管理过程中，必须将资源化纳入整体考虑，只有如此才能统筹各种水资源，有利于水资源供需矛盾的解决。

4.3.2.3 我国干旱地区非常规水利用的方式

按分类和用途，我国干旱地区非常规水资源利用方式主要有以下4种。

（1）污水利用

城市污水资源化就是将污水进行净化处理后，进行直接的或间接的回用，使之成为城市水资源的一个组成部分。这样做既可以消除对水环境的污染，又可以促进生态的良性循环。由于立足当地，不受其他客观因素的牵制，污水再生利用比较容易实施，还有利于对过量开采地下水而引起的大面积沉降的地区进行及时的控制。

经实践证明，污水再生利用已被成功地用作工业冷却水、工艺用水、锅炉补给水、洗涤水、消防用水、市政系统用水、农业灌溉用水、绿化用水、渔业用水和生活杂用水（冲厕）等多种用途，其成本也低于开辟新鲜水源。国内污水资源化的研究和实践表明，城市污水经二级处理后是弥补农业用水不足的可靠保证，城市污水回用于工业，可以针对不同用途，将一级或二级出水进行深度处理后，用作工业上的冷却水、锅炉用水和工艺上的洗涤杂用水等。

（2）雨水利用

雨水利用对于干旱地区气候调节、补充地区水资源和改善及保护生态环境起着极为关键的作用，因此雨水利用是干旱地区实现水资源可持续发展的一条重要途径。将雨水就地收集、就地利用或回补地下水，可以减轻城市河湖的防洪压力，防止城市排涝设施不足导致的城市雨水排泄不畅和洪涝灾害的发生；可以削减雨季洪峰流量，维持河川水量，增加水分蒸发，改善生态环境；可以减少或避免马路及庭院积水，改善小区水环境，提高居民生活质量。利用雨水补充地下水资源也是比较经济的方法。欧美发达国家于20世纪60年代已经开始进行干旱地区雨洪资源利用，雨水资源化技术水平较高，形成并完善城市雨水资源化利用体系，最为典型的是屋顶蓄水系统和由入渗池、井、草地、透水地面等组成的径流回收灌溉系统。收集的雨水可用于洗车、冲厕、浇洒庭院、洗衣和地下水回灌等生产和生活用水。

（3）矿坑水利用

据不完全统计，我国煤矿每年排水总量达71.7亿立方米，利用率约为35%，还有很大的提升空间。矿坑水资源化利用，是解决矿区水资源紧张的必要途径。以宁夏地区为例，该地区矿产资源分布广泛，仅宁东煤田探明的储量就达292.29亿吨，占宁夏地区保有总量的88.6%。根据资料，2021年宁东煤田矿坑水年涌水量约为5 322.3万立方米，外排量约为3 375.3万立方米，利用量约为2 446.1万立方米（含南湖中水厂再利用的

499.1立方米水），利用率为46%。

矿坑水开发利用工程主要包括集水系统、调蓄设施和净化处理设施，其开发利用的主要用水方向是满足煤炭企业生产和生活用水量需求，补充常规水资源的不足，利用途径主要有生产用水、工业用水、矿区生活用水、消防用水、绿化用水，以及排放到河流、湖泊等水体，开发利用工程和设施与疏干水的水量和水质密切相关。

干旱地区矿坑水利用的一般原则是就地使用、就近使用、优水优用、分质供水，其处理方式一般为沉淀、过滤、消毒，要考虑的因素主要是供水安全和经济因素。

（4）微咸水的农业利用

干旱地区微咸水的利用主要包括微咸水直接灌溉、咸淡水混灌和咸淡水轮灌。微咸水灌溉技术的关键是把握好满足作物对水分的需求与控制盐分危害的关系。在开发利用工作中，应综合分析微咸水利用的利弊，进行动态监测，做好土壤含盐量和水质分析，为微咸水的综合开发利用和生态安全评价提供科学依据。微咸水资源评价除了对其总量进行评价外，更重要的是对可开发利用的微咸水资源潜力进行合理评价，估算出微咸水资源量，确定合理的开发量，同时也要重视对微咸水利用的综合效益评价。

第5章　水生态文明建设的路径与对策

5.1　水生态文明建设的路径探索

水生态文明发展理念是水生态文明建设过程中一切行为与活动要遵循的基本要求，而究竟通过何种路径实现水生态文明发展，实现水生态文明发展需要依靠哪些力量，是水生态文明发展参与主体应该关注的重点。根据水生态文明的基本内涵和对目前水生态文明发展存在问题的分析，本节选择产业、金融、公众参与以及创新作为水生态文明发展的核心力量，打造以产业为本、金融为器、公众参与为力、创新为魂的水生态文明发展新路径，具体如图5-1所示。

5.1.1　产业

产业演进不仅促进了人类物质文明的发展，同时也推动了精神文明、政治文明和生态文明的发展，可以说，产业是各种文明发展的核心支撑力量。❶党的十九大报告中明确指出，"建设生态文明是中华民族永续发展的千年大计。必须树立和践行绿水青山就是金山银山的理念，坚持节约资源和保护环境的基本国策，像对待生命一样对待生态环境，统筹山水林田湖草系统治理，实行最严格的生态环境保护制度，形成绿

---

❶ 于欣鑫，戴梦圆，沈晓梅. 长江经济带水生态文明建设时空特征与优化路径 [J]. 人民长江，2021（10）：6.

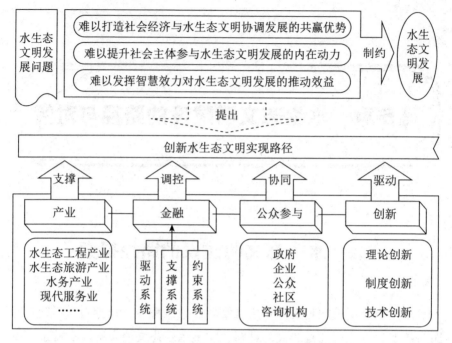

图5-1　水生态文明发展实现路径示意图

色发展方式和生活方式"。国外学者也曾提出过产业生态化的理念，并在水生态文明发展中提出构建水生态产业体系，以水生态产业的发展提升水生态文明的投资效益，从而改善原有的公益性现状。鉴于此，应构建完善的水生态产业体系。可以说，大力发展水生态产业是实现水生态文明持续发展的必由之路，是落实和实施水生态文明发展核心内容的关键，是水生态文明发展的支撑力、动力和基石。

在现有的研究中，与水生态产业相关的概念包括水产业、水生态文明发展下的产业发展以及近年来提出的涉水产业。涉水产业是在水生态文明建设后，针对水资源丰富或以水资源为重要经济资源的地区提出的产业体系格局。需要指出的是，水生态产业并不简单等同于涉水产业，涉水产业仍包含传统水产的概念，而水生态产业的发展必须立足于水生态文明建设，在水生态文明内在机制要求下进行产业建设和发展。这实际上就是将部分以消耗水资源，破坏水环境、水景观为代价谋求发展的产业从水生态产业体系中剔除出去。例如，在水生态文明建设的过程中，应考虑水生态工程的经济效益，使得大量的水生态工程可以创造更多的经济收益和带动周边地区的经济发展，实现生态建设的产业化。在产业选择上，应坚持生态优先，结合水生态的建设需要，引进和培育更多的现代新兴产业，进而实现产业发展的生态化。同时，现代服务业具备高技术性、高增值性、高效率性、高素质的基本特征，对于水生态环境的保护和建设具有极大的促进作用，符合水生态文明发展要求，也应纳入水生态产业体系中来。因此，本书认为水生态文明发展指引下的水生态产业应该包括水生态工程产业、水生态旅游产业、水务产业、现代服务业、水金融产业等立足于水生态文明发展的一系列产业，具体如图5-2所示。

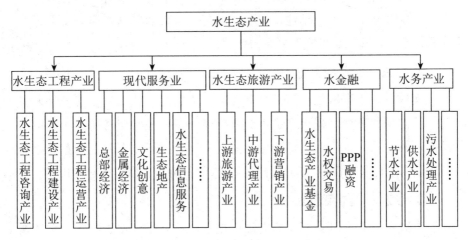

图5-2　水生态文明发展下水生态产业体系

5.1.2　金融

金融作为一种经济手段，在加强宏观调控，优化资源配置方面起着极其重要的作用。作为现代经济的核心，金融能为水生态文明建设提供大量资金支持，优先支持和保证水生态文明建设的资金需求；能积极支持产业转型发展，包括支持工业企业向低碳经济、循环经济转型，支持传统农业向生态农业转型，支持传统服务业向生态服务业转型；对于金融自身来讲，能通过开展全方位金融产品和服务创新来契合水生态文明发展的方向，实现金融产业和生态产业的良性互动与可持续发展；能发挥金融经济的杠杆作用，调控和支持生态文明建设。因此，金融是水生态文明发展的调控力，需要将金融体系纳入水生态文明建设的全过程。

为更好地为水生态文明建设提供服务，本书将水金融从金融中单独分离出来。作为金融系统的一个分支，水金融是指与水事活动有关的各种金融制度安排和金融交易活动。为打造水金融产业链，可以从驱动系统、约束系统、支撑系统3个方面来推动水金融的发展。

5.1.2.1 驱动系统

各地区应积极保护水资源的水量和水质，使本地区的水资源对其他地区（尤其是水量缺乏和水质不达标的地区）拥有吸引力，只有这样才能在水权交易中占据主动地位。不仅如此，水权的带动作用会使地区水期货、水期权等水金融产品更有市场。

5.1.2.2 支撑系统

支撑系统水金融往往涉及款项较大，需要建立正式的交易平台来保证交易的顺利进行。积极推进水金融交易平台和证券交易所中水金融产品柜台的建立，不仅可以保障资金的安全运转，还能引入水生态产业基金、涉水工程和项目融资的公开招标，改变投融资由官方主导的现状。

5.1.2.3 约束系统

约束系统水金融具有浓厚的法律色彩，需要促进相关法律、交易规则等的制定和出台，以保障水金融交易行为的有法可依。同时，政策法律的出台也能规范涉水项目的投融资行为以及监管"水银行""水金融平台"的运作。

5.1.3 公众

5.1.3.1 完善的法律制度是公众参与水生态文明建设的制度保障

首先，应完善生态信息公开的法律法规。公众参与水生态文明建设的前提是公众对有关信息资料的掌握，如果政府对其掌握的信息进行垄断，就会造成公众与强势群体之间的信息不对称，公众在参与过程中无法实现与政府的有效对话与沟通。因此，应当完善政府公共信息公开制度，使公众最大限度地知悉政府信息，方便公众参与；应建立必要的法律制度，对公众参与的内容，范围、方式等以法律规章的形式确立下来，以确保公众参与能够有法可依。其次，应确保环境公益诉讼制度得到全面实施。环境公益诉讼是有关环境保护方面的公益性诉讼，是指由于自然人、法人、或其他组织的违法行为或不作为，使环境公共利益遭受侵害或即将遭受侵害时，法律允许其他的法人、自然人或社会团体为维护公共利益而向人民法院提起的诉讼。《中华人民共和国环境保护法》《中华人民共和国水污染防治法》以及《中华人民共和国海洋环境保护法》中均有关于环境公益诉讼的规定，新的《中华人民共和国民事诉讼法》明确规定了环境公益诉讼的法律性，"对污染环境、侵害众多消费者合法权益等损害社会公共利益的行为，法律规定的机关和有关组织可以向人民法院提起诉讼"。通过环境公益诉讼可以将普通的举报程序和严格的诉讼程序有效结合，进一步从制度上强化公众参与水生态文明建设。

5.1.3.2　政府观念转变及执政能力提高是公众参与水生态文明建设向纵深发展的有力保障

首先，政府还决策权于民是我国政府当下理念转变的关键。国家犹如一驾马车，将政府决策权还原于公众，则政府和民众都是拉车的"马"，国家就是"车"。政府的决策就是公众的决策，只有公众参与了决策，最后的决策实施才会通畅。其次，政府应利用一切资源，包括网络平台、财政支持，构建新型社区管理、公民论坛等方式，提高政府执政能力和效率，促使公众参与水生态文明建设向纵深发展。

5.1.3.3　公民生态意识和公民自身文化素质的提高是公众参与水生态文明建设的先决条件

首先，水生态文明建设不是一个政府、一个企业、一个人的事情，必须全社会、各方面广泛参与才能最终达成目标。只有全面提高公民的生态意识，每个人从我做起，从身边的衣食住行做起，才能早日实现水生态文明。其次，目前我国公众参与公益性事务的积极性不高，各地实施水生态文明建设几乎都是政府主持、策划和实施，政府摇旗呐喊而公众则事不关己，出现"剃头挑子一头热"的局面。调动公众参与水生态文明建设的积极性非一日之力，需要从体制改革等多方面着手，其关键就是培育公民精神和公民文化。

5.1.3.4 建立健全公众参与的激励机制

除了从正面引导公众积极参与水生态文明建设之外，还要采用必要的激励机制刺激和鼓励公众参与。对此，可以采取精神激励与物质刺激相结合的方式，让公众看到自己的意愿受重视的程度或者所提建议的影响力，必要的利益驱动可进一步拓展公众参与的范围和积极性。

5.1.3.5 加强水生态文明建设的教育和宣传，使公众能够自觉参与水生态文明建设

首先，应从幼儿园、中小学开始对公众进行水生态文明建设的教育和宣传，并延伸至大学和社会，让水生态文明建设的价值观普及公众，让水生态文明建设的道德规范潜移默化为青年的自觉行动。其次，应利用好与水生态文明建设有关的活动日，加大教育宣传。例如，在"3·12"植树节、"4·22"世界地球日、"5·22"国际生物多样性日、"6·5"世界环境日、"9·16"国际臭氧层保护日、"12·5"国际志愿人员日等节日前后举办专题性的水生态文明建设宣传讲座，组织专家利用节假日开展水生态文明建设的法律法规义务解答活动，运用各种传媒手段向公众宣传环保法律法规，曝光违法案件及其处理结果。最后，广泛开展各种水生态文明建设的实践活动，在实践中提升公众参与的实际能力。

5.1.3.6 确保环境公益诉讼制度的全面落实，强化公众对生态违法行为的监督

在立法中进一步明确规定公民的生态环境权，当公民的生态环境权受到损害时，任何组织和个人可以根据法律的规定，有权向法院提起环境公益诉讼。我国有关环境公益诉讼的立法，为公益人士保护环境的行

为提供了合法途径和法律保障。将环境公益诉讼制度落实到水生态文明建设，可以推动水生态文明建设的快速发展。

5.1.3.7　构建公众参与水生态文明建设的信息平台，以便公众积极参与

政府部门应构建水生态文明建设的信息平台，利用网络、报刊、新闻发布会、公报、广播、电视等形式，公布生态建设相关信息，方便公众为水生态文明建设献计献策。同时，企业应在平台上公布污染情况以及产品的环境后果等，方便公众监督。

5.1.4　创新

水环境的先天脆弱性和以牺牲环境谋发展的粗放型经济增长方式，导致水生态问题的日趋严重，已成为影响经济发展和社会稳定的不和谐因素。无论是改善水生态环境，还是产业转型升级、经济结构调整使水生态文明向更环保、更节约、可持续的方向发展，都需要以科技创新作为驱动。可以说，创新是水生态文明发展的驱动力。

5.1.4.1　理论创新

在现有的学术研究中，水生态文明仍是一个较新的概念，发展水生态文明需要解决一些新的基础科学与软科学问题，如水生态文明指标体系量化研究、水生态文明与经济社会协调发展理论探究、水生态文明发展视角的水生态产业体系构建等问题。目前，国内外针对水生态文明发展的相关著作、文献及案例还较少，且普遍参考性较低。这就要求更多的专家和学者将工作重点投入到对水生态文明发展的思考中来，提出更为前沿的设想和理念来支撑水生态文明的发展。

5.1.4.2　制度创新

水生态文明发展是一项长期而艰巨的任务，凭借私人意愿易导致水生态文明发展工作的重复性和无规范性。因此，必须建立更有利于水生态文明发展的法制、体制与机制，以实现水生态文明建设工作的规范化、制度化、法制化。例如，建立全面的水生态文明指标评估机制和严

格的水生态文明准入机制，以引导和规范各试点和创建区的具体水生态文明实践活动。

5.1.4.3 技术创新

科学技术是第一生产力，发展水生态文明离不开科技的推动作用。为此，要加大力度优先支持水生态科技项目，加强水生态领域关键技术开发研究；同时，要充分发挥官产学研用多方力量的作用，加快水生态文明理论科学向科研成果转化；此外，要把握全球经济发展转型和国内经济结构调整的机遇和挑战，用先进技术改造传统产业，加快培育和发展节水环保、生态修复等战略性新兴产业，抢占新一轮技术和产业革命的制高点，努力提升水生态文明的发展水平。

5.2 水生态文明建设的保障机制

5.2.1 水生态文明建设的政策保障

5.2.1.1 建立中国特色社会主义水生态文明建设的理论支撑体系

研究水生态文明建设理论，深入分析水生态文明演进规律，阐述水生态文明的科学内涵和特征；论证水生态文明建设与城镇化现代化建设、主体功能区发展战略之间的辩证关系，研究水生态文明建设的地位与作用；借鉴现有国内外水生态文明建设的理论实践，研究中国特色社会主义水生态文明建设模式和实现路径，构建中国特色社会主义水生态文明建设的理论基础。

5.2.1.2 建立中国特色社会主义水生态文明建设的发展战略和布局

结合我国生态文明建设发展阶段，立足于国家治水思路，深入研究我国现阶段水生态文明建设的外部环境与支撑条件，分析今后一个时期推进水生态文明建设的制约因素和风险，提出现阶段大力推进水生态文明建设的总体方案、基本原则、目标任务，并根据不同区域特点提出分区发展战略，设计分阶段实施方案；制定我国水生态文明建设发展规划。

5.2.1.3　建立中国特色社会主义水生态文明建设的政策法规体系

研究水生态文明建设的政策需求、形成背景、内在逻辑和内容框架，研究制定一系列推进水生态文明建设的优惠扶持政策；研究制定水生态文明建设的试点示范区（或城市）的财政、税收等优惠扶持政策；研究制定水生态文明建设标准体系；开展水生态文明建设立法研究，分析并梳理我国现行水法规体系在推进水生态文明建设的障碍和缺陷，研究建立水生态文明建设法律保障的指导思想、基本原则和总体思路，然后提出需要进一步完善的关键法律制度。

5.2.1.4　建立中国特色社会主义水生态文明建设的制度体系

研究建立水生态文明建设投融资机制，拓宽水生态文明建设投资渠道；分析水生态文明与最严格的水资源管理制度的关系，健全水生态文明建设的管理与监督相关制度，研究制定最严格的水资源管理三条红线控制目标下的水生态文明建设考核制度和责任机制；制定严格的水生态文明建设执法监督机制和多部门联合执法巡查机制；研究水生态文明建设的保障机制和措施，研究水生态文明建设的权益保障制度，完善水事纠纷调处机制，建立水环境损害诉讼制度等；研究水文化建设工作制度和工作机制。

5.2.1.5　建立水生态文明建设的评价指标体系以及试点示范区或城市水生态文明建设达标评价与考核制度和方法

选择已经或将要开展水生态文明建设的区域或城市，研究提出水生态文明建设评价理论方法与指标体系。同时，研究建立水生态文明建设试点示范区（市）建设考核制度，建立目标评价体系、考核办法奖惩机制。具体步骤为：开展水生态文明试点示范区（市）情况调查分析；研究制定水生态文明建设达标评价技术方案；研究建立水生态文明建设达标评价指标体系和评价方法；开展水生态文明建设试点达标跟踪评估；开展水生态文明建设达标考核管理，制定水生态文明建设达标考核管理办法。

5.2.2　水生态文明建设的科技保障

任何文明的发展都是建立在一定技术的基础之上的，如农业文明需要农耕技术的进步才能不断进步，工业文明的建设需要科学技术的不断创新才能进步。以此类比，水生态文明的建设也离不开相关技术的创新与进步。水生态文明建设与自然科学、生命科学、环境科学等科学有密切联系，因此水生态文明建设需要将这些相关科学进行合理融合并进行不断创新，只有这样，才能使水生态文明建设不断进步。

5.2.2.1　加强与管理、经济、人文等学科的融合与创新

只有不断创新才能使社会发展，我们不仅要在科技方面创新，还要在水生态环境与管理、文化、经济、环境管理等方面进行创新，将这些方面进行科学合理的融合，创新出更好的东西，以促进水生态文明的发展。水生态文明的建设涉及经济、政治、文化等多个方面，它们之间的交叉融合对于水生态文明建设是必要的，一方面促进水生态文明的发展，另一方面也对传统科学的创新起到促进作用。

5.2.2.2　研究制定水生态文明建设的相关内容，为建设与规划提供支撑

水生态文明建设的关键是确立水生态文明建设的目标、基本原则、主要内容和评价指标，只有先确定了这些，接下来的工作才会进行得顺利，如可以为省、市、自治区制定水生态文明建设规划等方面提供参考。此外，还要在生态水利规划设计和技术标准等方面提前做好准备。只有具备了先进的技术、明确的标准才能使规划顺利进行，为工程建设提供坚实的技术后盾。

5.2.2.3　加强相关政策和理论知识的学习与探讨

为了能够更好地解决水生态问题，必须加强对相关政策和管理体

制的学习，只有学习了更多理论知识，才能在建设水生态文明方面做到快、准、狠。例如，对于水生态经营模式、水生态效益评估方法等内容的学习，有利于水生态文明建设。

5.3　水生态文明建设的对策建议

水生态文明建设应全面贯彻落实生态文明建设的战略部署，把尊重自然、顺应自然、保护自然的生态文明观念融入水利发展的各个方面和水利建设的各个环节。可以通过以下对策，推进水生态文明建设，提高水生态文明水平。

5.3.1　提高全民水生态文明意识

5.3.1.1　发挥政府带头作用，开展水生态文明示范活动

政府作为水生态文明城市试点工作的主导者和引导者，在水生态文明建设过程中应该起到带头示范性作用。首先，政府在日常办公过程中应注意节约用水，减少日常政府大楼清洁工作用水，严禁公车洗车所造成的水资源浪费行为；其次，政府应积极组织全区开展各种水生态保护示范性活动，包括绿色节水产业示范、节水社区示范、节水家庭示范等活动，树立水生态保护先进个人和集体模范，积极带动全社会向先进个人与组织学习。

5.3.1.2　充分发挥媒体作用，引导公众的水资源保护意识

城市兴于水也忧于水，水资源的丰富保障了公众日常生活的便利，但也正是因为这种自然条件，导致部分人水忧患意识差，在日常生活中对于浪费水资源不以为然。媒体在政府与公众之间起到桥梁作用，媒体一方面应负责向公众传达政府的政策要求并同时监督政府的行为，另一方面应代表公众向政府反映政治诉求。因此，政府应与媒体加强联系，

充分利用媒体的宣传作用来达到提高全民水生态文明意识的目的。具体做法包括：一是政府应多组织召开媒体座谈会，利用媒体途径传达最新的水生态建设政策思想；二是利用媒体开展电视问政工作，让公众能够通过媒体平台面对面地与政府相关领导交谈；三是利用媒体的宣传组织能力，让公众能够更加亲近水，更加亲近大自然，逐步形成保护水生态的主观意识。

5.3.2 将水生态文明纳入城市发展规划之中

5.3.2.1 制定水生态文明建设发展战略规划

政府在进行规划的过程中，应将水生态文明建设纳入城市发展规划之中，根据城市的实际情况来规划各项社会经济活动，调整城市布局，完善城市发展功能，使城市经济发展和水生态建设能够和谐相处、相互适应，确保城市在当前城市大发展的关键时期能够保持社会经济持续高速发展，同时能够打造出符合城市特色的生态城市面貌。若要制定水生态文明城市发展规划，具体可以从以下几个方面考虑：一是要结合城市实际的国民经济与社会发展水平和总体目标，贯彻落实国家当前的水生态文明建设指导方针，切不可机械地照搬、照抄其他地方的水生态治理模式；二是将水生态文明城市试点工作与城市"十四五"规划的编制工作结合起来，制定短、中、长期城市发展路线图，明确各阶段的水生态建设目标、路径与工作重点；三是要将区域规划与整体规划结合起来，根据城市不同区域水生态的状况进行区别性的建设规划，实现不同区域水生态功能最大限度的发挥；四是重新规划城市产业结构与产业布局，限制传统高消耗、高污染企业的发展，结合实际情况编制新的水生态相关产业、建筑、能源、交通等方面的专项战略规划，形成整体建设规划体系。

5.3.2.2 把握水生态文明建设重点，了解城市形态与功能

在水生态文明城市试点过程中，政府作为水生态文明建设规划的直接设计者和直接实施者，要把握事物发展的主要矛盾，抓住水生态文

明建设工作的重点。在水生态文明建设过程中，工程建设是根本，保护与修复是重点。政府在规划过程中，应以倡导水资源节约为重点、以水生态保护为关键开展工作，总结出本市水生态最急迫、最根本的方面，重点开展生态水网建设工程，实现河湖水系连通，并对湖泊开展治污工程，以修复生态。同时，政府还应充分了解城市区域的形态与功能，创建水生态文明建设的总体布局，打造试点核心区域，带动整体水系综合功能的提升。

5.3.3 引导产业结构转型

5.3.3.1 大力发展高新技术产业，加强政府支持

引导产业结构转型，是城市转变传统高消耗、高污染的生产方式，减少环境破坏的有效途径。政府在水生态城市建设过程之中，要大力支持一些利用新能源和新技术生产的产业项目，围绕城市水生态重点优势领域进行发展，发展高新技术产业。首先，政府应该利用水生态文明城市建设的契机，进一步积极培育生态产业、绿色产业，重点发展节能、环保和高科技项目，将水生态保护与城市低碳城市建设、海绵城市建设、园林城市建设结合起来，大力培育环保、节能技术市场；其次，政府应以水生态环境优化与经济效益平衡发展为目标，结合城市现代城市产业体系，优先发展科技含量较高、产业带动力强的企业，提升第三产业在城市生产总值的比重。

5.3.3.2 优化能源结构，做好水资源配置工作

长期以来，我国对于传统化石能源过度依赖，造成了大量的废水、废渣以及氮氧化合物的排放，不仅污染了水资源和水环境，而且对大气环境造成了极大的破坏，影响了水生态植被的多样性。要想建设水生态文明城市，政府部门就必须优化能源结构，积极拓展清洁能源和可再生能源（如生物质能、风能、太阳能）的开发使用。可循环经济发展的核心动能是技术上的创新，对于产业发展来说，技术上的创新本质上就是能源的合理利用以及新能源的开发。为此，政府必须引导企业改变能源

使用结构，合理分配传统能源和清洁能源的使用比例。

政府除了要协助企业转变能源结构之外，做好水资源分配也是重点工作之一。水资源分配是以区域经济发展和水环境保护为主要目标，利用工程措施以及非工程措施，统筹工业、农业、生活和生态用水，这是政府经济管理和社会管理的基本职能。为此，政府应按照以供定需的基本原则，兼顾生产、生活和生态用水，强调水资源的循环利用，以水资源的合理分配来带动城市产业结构转型。

政府引导产业结构转型，发展生态产业，并不是简单地对传统产业的否定，而是对传统产业进行生态化改造工作。对此，政府必须发挥产业结构调整的作用，降低城市相关产业对于水环境、水资源、水生物的破坏，为城市现有的经济结构进行生态化调整提供良好的政策环境与发展环境，对新兴产业提供政策上的支持。

5.3.4 加大对水生态工程的投入

5.3.4.1 科学制订水生态工程计划，加强配套设施建设

工程措施是建设水生态文明的重要支撑，是城市保护与修复工作的最终实现途径。政府应在近几年工程项目取得的成果和经验的基础上，根据水生态文明建设阶段性和总体规划蓝图，有计划、有目的地设计与制订水生态工程计划。政府在制订工程计划的过程中，应从以下几个方面入手。一是从规划编制工作入手，针对试点工作重点完成新的规划，特别是对不同区域制订有针对性的工程项目计划。例如，水污染较为严重地区全面实施截污工程；水生态环境较为良好地区重点开发人水共融的优良生态环境，创造人水亲近的环境。二是重构江水与湖水的动态联系，全面实施生态引水工程。三是依托生态水网，加强水生态风景区的建立，推进水生态主题公园的建设。四是加强湿地保护工程，重点推进湿地生态修复技术的开发，继续建设生态功能区。五是开展城区内湖泊污染治理修复工程，如继续对超污染指标的湖泊实施污染底泥清淤工程，减少污染总量，对湖泊进行生态修复。

除了工程建设之外，相关配套设施的建设也尤为重要。政府相关部门应协助有关单位进一步新建、改造、扩建污水处理厂，升级现有的污水处理设施，提高排放标准，同时加快污水收集管网的建设，升级管道系统，提高覆盖率。

5.3.4.2　设立科研专项基金，创造工程实施良好环境

水生态修复与保护工程制定、规划与实施整个过程都离不开政府在资金投入上的大力支持。政府应设立更多的专项性基金，用于对水生态保护与修复等重点项目工程的前期性研究、规划方案的编制、投资融资平台的搭建以及先导项目提供财政上的支持，提高社会主体参与研究水生态保护的积极性。❶同时，政府应探索建立城市环境资源交易所等市场机制，鼓励将市场金融机构引入环境评价的要素之中，大力开展绿色金融、绿色信贷、绿色证券的相关支持政策。在社会公民方面，政府应设立更多专项基金，如"环境调查与教育小额基金"，用于资助水生态保护志愿者开展水生态环境调查、节约用水宣传教育等社会公益性项目。

除了加大工程项目实施的资金投入以外，对工程技术科研工作的资金支持也是十分必要的，好的工程离不开先进的技术，强化技术性科研工作是项目顺利实施的根本保障。例如，农业节水新技术、污水处理新技术、水资源优化调控技术、工业节水新工艺、水资源系统保护与修复技术的研究，都需要政府设立专项科研基金，对社会相关参与研发的投资公司、科学研究所、研究院以及大专院校课题的研究进行资金上的支持。

5.3.4.3　引进和推广先进水生态理念，加强国内外研讨交流

水生态环境保护是一个国际性的话题，水生态环境问题是各个国家城市发展共同面临的困难问题。我国开展水生态文明建设才刚刚起步，有很多不足的地方，单从水生态保护与修复的技术与案例上来看，国外有很多先进的技术值得我们参考与借鉴。例如，美国在水生态保护与修

---

❶　邝惠明. 推进水生态文明建设的对策与思考 [J]. 装饰装修天地，2016（4）：423.

复方面、水生态法律与制度制定方面，有着许多成功的案例；美国在城市截污治污、调水引流、河湖清淤、生物控制等方面都有着一些独特的手段与技术。鉴于此，政府应当多组织开展水生态保护的国内外交流研讨会，学习国内外城市水生态保护的先进经验，加强国内外交流与合作。

5.3.5　健全水生态文明建设法律体系

5.3.5.1　强化水生态补偿制度

生态补偿制度是指通过税收或是补偿的方式提高影响生态环境行为的成本或是收益，它是保护城市资源环境的重要手段。水生态补偿机制是国家生态补偿制度中的重要组成部分，是水资源有偿使用的重要内容之一。政府应确保当地水质达到考核目标，根据水质状况制定生态补偿标准，组织开展水生态补偿机制的专项课题研究，对国内外城市相关方面的先进理论与实践进行调研。

具体来说，加强水生态补偿机制工作可以从以下几个方面着手。一是从水生态补偿的法律制度建设方面，政府应进一步完善地方水资源有偿使用制度以及城市工程建设所带来的生态环境问题的补偿制度；应进一步分级建设城市湿地"生态补偿机制"，将水土保持生态效益纳入生态效益补偿之中，完善城市流域管理条例，对城市流域污染物排放做出明确规定。二是从政策制定方面，应联合多部门，如财政部、国家发展和改革委员会等部门共同制定关于水生态补偿制度的相关管理办法、通知和指导意见，调整和完善城市水资源费用的征收标准。三是资金投入方面，政府应进一步投入资金，用于支持治理重点流域和区域的水土流失问题。四是水生态补偿制度课题研究方面，政府应积极组织专门人员对水生态补偿机制展开专项科研工作，调研国内外城市现状与成功案例，认真学习国家的指导性建议和意见，形成总体思路和框架体系；要积极搭建有利于生态补偿机制建设的政府管理平台。

5.3.5.2　加强水生态文明建设与保护的执法监督力度

从现实情况来看，政府的水生态行政执法能力尚无法完全满足水生态文明建设的需要。水生态环境的保护是全社会共同职责，试点工作涉及多个行政部门，但目前共抓、共管的局面并未实现，在行政执法过程中，往往是个别执法部门的"单打独斗"。从总体上看，一方面政府应该进一步提高水生态执法部门的能力保障，如增派执法人员与提高专项经费，完善执法方式，从根源上制止水违法的行为的发生；另一方面，政府应加强执法人员的培训，提高执法人员的素质，严格要求执法人员遵循现有的水生态法律法规与规章制度，杜绝因政府利益或者私人利益而造成的执法不严或是执法不力的现象。

5.3.6　优化水生态文明建设区域性合作

5.3.6.1　深化水生态文明建设区域性合作

加强地区间的区域性合作，就是要构筑不同区域环境之间的互动与共赢的长效运行机制，主要包含了两个方面的主要工作。一是加强城市市内不同区域间的合作。政府要根据各地实情有针对性地制订试点计划，同时好的经验应该相互分享，各部门之间也应该形成联动，必要时可以形成专项工作小组，以提高行政效率。二是加强国内城市间的区域性合作。政府应加强与周边城市的水生态建设联系，不仅可以吸收经验用于建设城市水生态城市建设，而且可以优化整体区域水生态环境。三是加强与国外生态环境良好的城市间的国际交流与合作。

5.3.6.2　构建水生态文明多元治理结构，引导社会自治

政府倡导包括政府在内的多元主体共同治理生态环境是时代发展的要求和趋势，政府应加强引导社会各主体对水生态文明建设的参与热情，逐步完善社会生态环境的自治机制，推动社会向水生态环境自治的方向发展。同时，政府应加强信息公开，提升公众参与生态环境决策的意识，拓展决策渠道。非政府组织在水生态环境保护中起到价值引导以及组织动员的作用。政府应充分发挥其作用，逐步形成政府主导和引

导、社会组织以及公众共同参与城市水生态文明建设的多元治理结构，共同建设城市，实现城市转型。

5.3.7 健全水生态文明监管和考核体系

5.3.7.1 构建政府、企业和市场"三位一体"监管体制

首先，政府应加强水资源消耗标准规定，对于高消耗、高排放相关企业应加强市场的监管力度，提高市场进入的壁垒，甚至限制其进入市场，或予以强制淘汰。其次，政府应增加对企业排水、排污的抽签频率和次数，强化监督力度，以减少企业为了应付检查而采取的造假谎报行为，全方位建立水资源监督制度。

5.3.7.2 健全考核体系，强化生态行政问责

政府应与各地签署水资源保护的目标责任书，推动各区域、各部门进一步落实水生态建设的目标责任；全方位改革政府绩效考核机制，将绿色GDP纳入政府绩效考核体系，推行各区的水生态保护与修复为目标的考核制度，对水生态建设绩效良好的应予以奖励，对造成水环境破坏和水资源污染的，要追究其经济责任和法律责任；强化政府行政问责，将保护水生态环境的责任落实到各级政府，落实到人，增强政府行政人员的生态责任与生态意识，明确行政人员对于水环境执法与监督的标准，提高政府的公信力。

5.3.7.3 优化第三方监督途径

每一位公民都具有保护监督环境的法律属性，公民的监督权与参与权应该受到政府的保障。政府应当拓展公民实现民主监督的渠道，还应健全城市水环境信息报告制度，积极采取听证会、网上投票征集等有效形式，广泛听取公众意见，保障公众对生存环境的知情权。

第6章 水生态文明建设的评价体系

本章在充分参考已有文献、技术资料及有关地区建设经验的基础上，通过专家咨询等方法，初步构建了水生态文明建设的评价体系。以期为我国水生态文明建设提供理论基础。

6.1 水生态文明建设评价体系的研究现状

6.1.1 国外研究现状

随着淡水资源日益短缺、水资源利用不均、水环境污染加重、水文生态破坏加重等突出问题的不断出现，基于生态安全、生态文明等理念，人类逐渐把目光聚焦到水生态文明。发达国家率先提出水生态文明理念，并以城市为研究对象逐步开展水生态文明建设研究。随着工业化城市化的不断推进，城市逐渐出现水资源、水环境、水生态等问题，这严重阻碍了城市文明的发展进步，许多发达国家开始探索构建"人、水、域"和谐共生的发展模式，由此打开了探索城市水生态文明建设的道路。对于在水要素基础上发展的城市，国际上已探索出田园城市、公园城市、生态城市等多种模式，提出建设水生态文明城市，如瑞典斯德哥尔摩哈马碧生态城的建设、多伦多城市湖滨地带的再开发以及美国德州圣安东尼奥河的成功整治。

发达国家对于流域水生态文明的研究大多集中于流域水生态环境保护问题，实践研究主要从流域统一管理、水生态环境规划及立法、生态补偿等方面进行，同时也进行了大量的河湖生态治理、湿地生态功能修复等研究，侧重于立法和经济调控。这些研究能有效地提高水资源管理，对我国水资源管理具有实际借鉴意义。但是，这些研究并未将经济、社会、生态等作为一个整体进行研究，也未形成一套完整的流域水生态文明评价指标体系。

欧美等发达国家对水生态等方面研究较早且取得了较大的成果。在河湖水生态系统健康方面，一个英国学者提出了包括30多个数据的英国河流健康的评价指标体系——河流保护评价系统；卡尔（Karr）在评价河流健康时用到生物完整性指数（IBI）法，结果推动了该套评价方法在河流健康评价中的应用。河湖水生态系统研究得到不断推进，研究成果相继出现，有学者将其定义为最优状态，有学者将其定义为完整性，还有学者将其定义为具备生态和服务功能的水生态系统。在水生态安全方面，美国国家环保局就水资源和水环境安全建立了相对应的评价体系，并作为生态风险评价、管理及修复的依据和综合指标；南太平洋应用地球科学委员会（SOPAC）构建了一套针对水资源与水环境脆弱性的评价体系，并在实际应用中得到验证；欧洲部分国家构建了针对不同地理差异的环境压力评价体系，且得到了推广和应用。

总的来说，发达国家对于城市的水生态文明建设及评价研究较早，形成了较为完善的发展模式及评价体系，对于我国的水生态文明建设及评价具有重要的借鉴与参考意义，但是发达国家关于流域水生态文明评价体系的研究还不完善，大多是从水生态环境问题等方面进行研究，未能将流域水生态文明作为一个整体进行研究，在这方面有很大的研究空间。

6.1.2 国内研究现状

目前，我国学者主要从全国、城市及流域三个层面进行水生态文明评价研究。

6.1.2.1 全国层面

对于全国层面的水生态文明评价体系的探讨和研究，2013年，唐克旺提出了我国不同地区的水生态文明评价多层评价体系，主要通过不同的自然经济社会特点，进行分级评价。该评价体系得到了大多数学者的认可，已被引用约20次。尤其是在咸宁市、文山州、玉溪市及郑州市的水生态文明评价体系的建立中得到了很好的实践，具有强有力的说服力，在本书中将其作为各层次水生态文明评价指标体系的一个参照标准。该指标体系由水生态和社会经济2个系统、6个对象、20项指标组成，如图6-1所示。

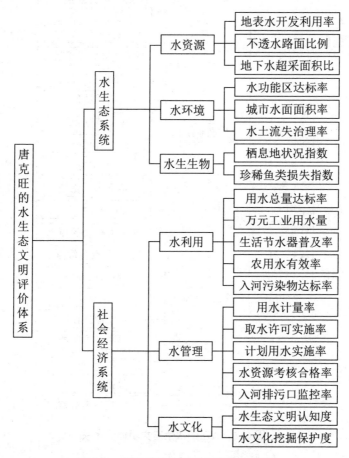

图 6-1　唐克旺的水生态文明评价体系

2013年，黄茁通过对水生态文明内涵的深度分析，提出了一套完整的水生态文明评价体系，并已得到许多学者的引用，被引用约有12次，主要应用于郑州市和江西省的水生态文明评价。该评价体系得到了实践应用的检验，可以作为全国性的水生态文明评价体系的一个重要参照标准。该评价体系由水资源、生态系统、社会指标和经济指标4个系统共22项指标构成，如图6-2所示。

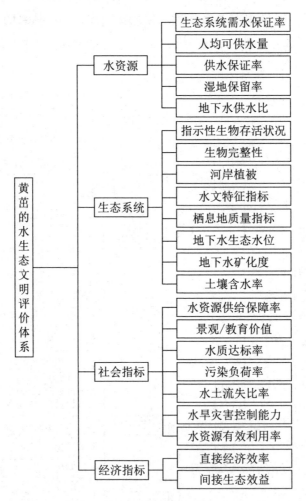

图 6-2　黄茁的水生态文明评价体系

2013年是水生态文明评价研究较为集中的时期，王建华等人根据水生态文明评价的基本条件，在已有相关研究及实践研究工作的基础上，筛选各系统的评价指标及特色性指标，并给出各评价指标的具体计算方法，建立了一套较为完整的水生态文明评价体系。该评价体系在咸宁市、玉溪市及郑州市的水生态文明评价体系研究中得到应用，已被引用约16次，得到了国内一些学者的认可，可作为其中的一个重要参考标准。该评价体系是由水生态、水供用、水管理及水文化4个系统、25项指标构成，如图6-3所示。

6.1.2.2　城市层面

对于城市层面的水生态文明评价体系的探讨和研究，山东省的水生态文明建设研究是不可或缺的，山东省于2012年率先出台了《山东省水生态文明城市评价标准》，颁布了一套适合济南市的水生态文明评价体系，是我国第一个发布省级水生态文明城市评价标准的城市。该评价体系具有科学性、合理性及规范性，不仅参考了我国的文明城市、环保模范城市及园林城市所创建的一些评价指标，而且也严格遵守国家的相关标准，可以将其作为城市层面水生态文明评价指标体系的一套重要参考标准。该评价体系由水资源、水生态、水景观、水工程和水管理5个系统、15个对象、23项指标构成，如图6-4所示。

与此同时，许多地区也开始开展水生态文明城市的相关研究，尤其是在水生态文明评价研究大发展的2013年期间。例如，白丽在系统分析水资源变化状况后，提出了水生态文明发展建设的建议和意见；蔡建平等人总结归纳了山东省水生态文明建设的先进做法和启示，提出并探讨安徽省水生态文明建设的工作思路；陈新美等人在分析邯郸市基本条件的基础上，提出了建设水生态文明城市的具体措施。

水生态文明的发展是一个城市实现文明的必要基础以及标志之一，越来越多的学者认识到，实现水生态文明是促进人水和谐、生态之基及科学发展的一个重要基础。

2014年，陈璞以安徽省六安市为例，按照重要性、重点性原则，采用分层构权法和德尔菲法相结合的方法，确立了五类一级指标，构建了包括5个系统、13个对象、29项指标的水生态文明评价体系，如图6-5所

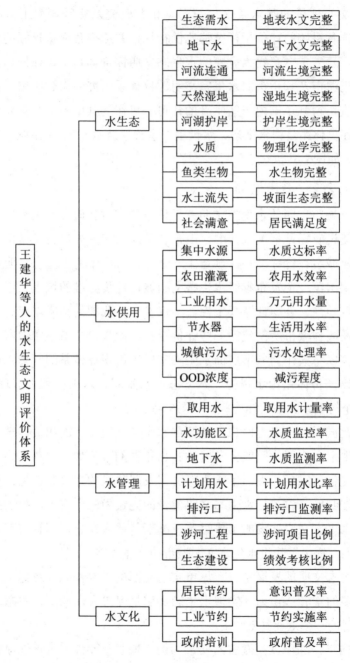

图 6-3　王建华等人的水生态文明评价体系

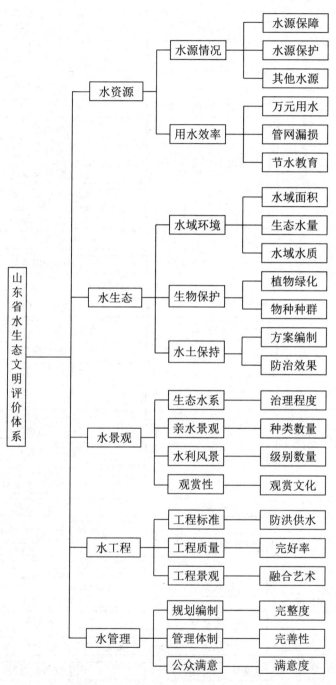

图 6-4　山东省水生态文明评价体系

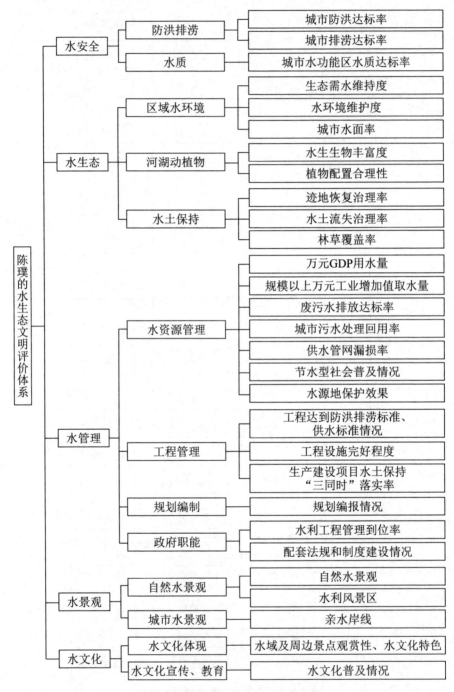

图 6-5　陈璞的水生态文明评价体系

示；丁惠君等人通过文献资料法、专家咨询法及问卷调查法，初步构建了包括6个方面、25项指标的江西省莲花县水生态文明评价体系。

6.1.2.3 流域层面

流域层面的建设内容是以规划为指导、以工程为基础、以调度为抓手、以监管为保障、以科技为支撑的流域发展建设。流域一直以来都是各学者关注的重点领域，在2010年时，韩春就开展了关于流域的水生态文明研究，通过生态文明理念与太湖流域建设相结合，提出了建设发展太湖流域水生态文明的建议和对策。在2013年水生态文明评价研究的大发展时期，流域层面的水生态文明评价研究也得到了空前的发展。例如，刘雅鸣介绍了长江流域规划，以水生态文明建设为核心，提出了规划实施要点；司毅铭对黄河流域的水生态文明建设进行了探索研究并实践；姜海萍等人针对珠江流域综合规划提出了水资源保护和生态修复体系。

一些学者坚持投入到流域层面水生态文明建设研究中，2015年，董玲燕等人以玉溪市为例，根据水生态文明建设需求，初步构建了符合其水土资源与经济社会布局特点的水生态文明建设评价体系，主要包括3个系统、5个对象、25项指标（见图6-6），可将其作为流域层面的水生态文明评价体系研究的重要参照标准之一。2015年，褚克坚等人通过对水生态文明理念分析研究，以及对水生态文明各评价因子紧密分析的基础上，构建了一套包括4方面、26项指标的符合长江下游丘陵库群河网地区城市区域特征的水生态文明评价体系。

随着水生态文明评价体系不断深入的研究，各系统评价指标逐渐向细化、独立方向发展，如水生态系统分为水景观系统、水生态系统，且能结合相关技术要求，并严格遵守国家相关标准，依据水生态文明评价指标的构建原则，针对目前流域水生态环境现状，选择相应的评价方法，进行水生态文明评价体系的构建及水生态文明程度评价。

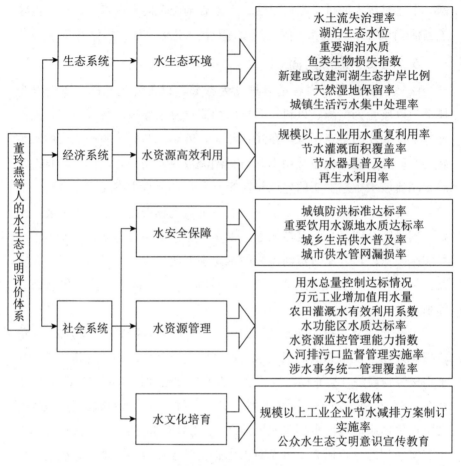

图 6-6　董玲燕等人的水生态文明评价体系

6.2　水生态文明建设评价体系的设计原则与构成要素

6.2.1　水生态文明建设评价体系的设计原则

我国水生态文明评价指标应立足于中国国情，既要反映水生态自然属性，又要考虑水生态的服务功能；既要立足于水生态的现状，又要考虑发展趋势，所选指标除了要遵循共性、层次性、科学性、可操作性以及代表性等原则之外，针对水生态文明的内涵和要求，还要重点考虑以下几个方面。

6.2.1.1　总体性指标

与水生态文明建设相关的指标可以列出很多，把它们全部罗列到评价体系中既不切实际，也没有必要，应该用尽可能少的关键指标来评价水生态文明建设。所以，尽量选用能代表或反映多方面要素的指标，避免不必要的重复。

6.2.1.2　差异性指标

考虑到不同区域、不同尺度、不同作用的水生态系统，水生态文明的侧重点不同，评价指标选取尽量包含各种因素的差异，但在实际应用中，应根据需求，选取满足总体目标的针对性评价指标，排除不切合实际的评价指标。

6.2.1.3　与人类活动相关的指标为重点

在众多的水生态文明建设指标中，尽量选择与人类活动有关的评价指标，尽量减少非人类活动影响的评价指标。

6.2.2　水生态文明建设评价体系的构成要素

6.2.2.1　水安全

社会的可持续发展、城市的经济建设以及人类生活环境都与水安全密切相关相互统一的。随着全球资源危机的加剧，国家安全观念大大改变，水安全问题已经成为国家安全重要的内容之一，与国防安全、金融安全、经济安全同等重要的地位。城市的水生态系统中水安全方面有四个目标层，主要包括城市防洪排涝、水旱灾害控制、城市水质安全和水安全保障措施。

保障水生态系统良性循环的基础是城市防洪排涝安全体系，水生态文明建设的城市防洪排涝标准是城市经济文化发展的前提，排涝标准分为20年一遇、10（含）～20年一遇、10年一遇以下。水旱灾害总称的经济损失每年都是影响城市经济发展的重要因素，所以水生态文明建设中必须防治水灾害造成的经济损失。

当城市供水安全系统从安全生产的角度来看时，城市居民生活用水考虑城市水生态城市水功能区水质达标率（饮用合乎标准的饮用水的人数/总人数×100%），包括城市公用事业用水、工业用水等。防洪排涝能力必须达到一定标准，即达到《防洪标准》（GB 50201—2014）和当地水利等相关规划要求。城市饮用水水源地也必须达到一定标准，即按照《地表水环境质量标准》（GB 3838—2002）。

6.2.2.2 水生态

城市发展水生态文明对认得要求主要是强调人的自觉与自律，水生态发展强调人与自然环境的相互依存、相互促进，追求人与人的和谐，而且人际关系的和谐是人与自然和谐的前提。水生态文明城市指标标准中水生态分三个大方面：区域水环境、河湖动植物、水土保持（水土流失治理率＝水土流失综合治理面积/水土流失面积×100%）。

区域水环境有三个方面：生态需水维持度、水环境维护度和城市水面率（水面积同区域内总面积的比例）。其中，生态需水维护度和水环境维护度都是水生态文明建设的前提，城市居民生活所需水和所处的水环境是决定生活质量的关键因素。

河湖动植物包括水生生物丰富度和植物配置合理性两个方面。其中，水生生物丰富度主要是指河湖内鱼虾等动物丰富，植物配置合理性主要是指主要河湖配置了沿岸、临水（滩涂）水生植物，河道和塘库沿岸植物配置合理。

水土保持是一项综合性很强的系统工程，具有科学性、地域性、全面性和群众性等特点。安徽省水生态文明城市中水土保持有序地恢复治理率、水土流失治理率和林草覆盖率三个方面，可以借鉴。为更好加强水土保持，提高水生态文明建设，工作重点为：水土保持工作的积极性、合理性，应用水土保持新技术、新材料、新工艺等有效防治水土流失。

6.2.2.3　水管理

水管理措施是城市生产、居民生活和社会发展的重要保障。随着社会经济和社会现代化的发展，水资源管理方面面临着许多严峻的新问题，其中包括水资源短缺、洪涝和干旱灾害损失增大以及水生态环境恶化等构成，已经对可持续发展战略的实施造成严重的威胁。在全面实施最严格的水资源管理制度的基础上，加快推进水资源管理现代化建设，是落实科学发展观、促进经济发展方式加快转变的基本要求，是促进社会进步、建设生态文明、构建和谐社会的客观需要，是应对解决复杂的水资源问题的现实选择，是实现经济社会可持续发展的唯一方法、途径。

我国水管理方面应按照水资源管理、工程管理、流域规划编制和政府职能四个方面建立指标体系。

水资源管理应关注万元GDP用水量（年用水总量/年万元GDP值）、规模以上万元工业增加值取水量（万元工业增加值用水量＝区域工业总用水总量/区域工业增加值总量）、废污水排放达标率（废污水排放达标率＝达到标准的废污水排放量/废污水排放总量×100%）、城市污水处理回用率（城市污水处理回用率＝城市污水处理后的回用水量/城市污水处理总量×100%）、供水管网漏损率、节水型社会普及情况和水源地保护效果。工程管理主要分为工程达到防洪标准、工程设施保持完好程度、建设项目水土保持"三同时"落实率三个方面。其中，水利工程建设必须95%以上达到标准；水利工程的堤防设施无水毁、损坏现象，完好率大于等于85%。流域规划编制主要包括组织编制流域综合规划及有关的专业规划并监督实施，组织开展流域控制性水利项目的前期工作，对大中型水利项目进行技术审查。政府职能是针对政府管理角度，水利工程管理需要政府的宏观调控和合理配置，政府对于工程的法制法规是约束的重要手段。

6.2.2.4　水景观

在国内外研究中主要关注的问题就包括水环境的城市规划，即城市的水景观。充足的水量和良好的水生态环境不仅为城市居民提供美丽、舒适、和谐的居住环境，而且也是城市居住适宜性评价的重要指标。水生态文明城市水景观以自然水景观和城市水景观作为城市景观改善的两个重要因素。自然水景观有自然生成的和人为建设后自然生成的。良好的自然水景观生态是城市的宝贵财富，是城市审美的重要标志之一。这部分的评价指标包括水利工程与周边自然环境相协调、河湖生态、自然、亲水效果等。

城市亲水岸线是城市水景观建设的重要指标，包括岸线分段、分类等保护措施。城市亲水岸线建设使市民的生活多姿多彩，增添滨水区域的活力，同时促进旅游业的大力发展。

6.2.2.5 水文化

水文化与人类的活动密切相关，包括人类的社会、经济、政治、文化等，并且体现在人类水利活动时所体现出来的与水有关的各种文化的现象。人类生活和生产中总结的经验可以发展水文化、创造出新的水文化，充分体现出水生态文明城市建设的文化意义和现实意义。水文化发展体现出现代人与水之间的关系，反映出现代科技的进步，满足现代人对水文化的基本需求。

具体而言，水文化指标包括两方面：水文化体现和水文化宣传、教育。城市内河湖以及城市周边的河湖的自然环境健康状况以及优美程度，加上人文特色和整体景观效果都是水文化的重要体现。所以说，水文化体现在城市水环境的各个方面，是城市发展要考虑的重要因素。

6.2.2.6 水环境

水环境重点考察区域水污染防治水平和水环境质量。它的衡量指标包括水功能区水质达标率、饮用水水源地水质达标率、入河污染物总量、中水回用率、人均综合用水量等。

6.3　水生态文明建设评价体系的构建

6.3.1　选取评价指标

水生态文明是促进水生态系统保护和人水和谐的工作，在评价一个地区水生态文明状况时，必须考虑两类系统性指标：一类是水生态系统健康状况指标；另一类是经济社会系统指标。其中，水生态系统健康状况指标包括水功能区水质达标率、水土流失治理率、生物栖息地状况指数、珍稀（土著）鱼类损失指数、地表水开发利用率等；社会经济系统指标则包括用水总量控制红线达标率、万元工业增加值用水量、生活节水器具普及率、农田灌溉水有效利用系数、入河污染物总量达标率、计划用水实施率、水文化的挖掘及保护程度等。

根据水利部颁发的《关于加快推进水生态文明建设工作的意见》、国家环保总局颁发的《生态县、生态市、生态省建设指标（修订稿）》及认可度较高的《山东省水生态文明城市评价标准》，专家学者们更倾向于按照水资源的功能进行指标分类。参考现有规范、标准以及已发表的研究成果，本书从水生态、水管理、水环境、水文化、水景观和水安全6个方面来确定水生态文明建设的评价指标库（见表6-1），并统计了2010年至今的相关文献、报告中各指标出现的频次，指导具体指标的选取。

表6-1　水生态文明建设评价指标库

分类	具体指标	计算方法	出现频次
水生态	水域保护面积比例	流域受保护水域面积／总水域面积	2
	珍稀特有物种情况	有特有或珍稀物种定值为1，无定值为0	1

分类	具体指标	计算方法	出现频次
水生态	天然湿地保留率	流域内重要湿地的总面积与历史状态水体总面积的比值	9
	水面面积率	流域水面面积占流域总面积的比率（多年平均值）	4
	生态需水满足率	计算方法参考《全国水资源保护规划技术大纲》	10
	断流率	河流断流的河段长度与河流总长度的比值	1
	水域栖息地多样性	$H_D = N_B N_v \sum ai$，N_B 和 N_v 分别为水深和流速多样性，$\sum ai$ 为底质多样性	3
	河流纵向连通指数	每 100 千米河段水坝等障碍物的数量，已有过鱼设施的闸坝不在统计范围	6
	生态护岸比例	防洪明确要求需进行护岸硬化的河段除外	8
	河岸植被完整性	同"生态护岸比例"	1
	鱼类生物损失系数	当年土著鱼类种类数量／基准年土著鱼类种类数量，要选用历史基点	5
	大型无脊椎动物完整性指数	—	1
	水土流失治理率	水土流失治理面积占原有水土流失面积的百分比	10
	生物多样性指数	生物多样性指数计算公式（H' 香农威纳指数）	4
	重要湖泊状况	湖泊面积萎缩较少、提供多样栖息地定值为1，否则为0	3
水管理	用水总量控制达标率	用水量与用水总量控制指标之比	9
	取用水计量率	包括工业、农业、生活等全口径取用水计量率，由取水户取退水计量率折减公共供水管网内的未监测率进行计算	3
	计划用水实施率	取水许可管理范围内实施计划用水的用水量比例	3

续表

分类	具体指标	计算方法	出现频次
水管理	水资源监控、信息体系建设	水功能区水质监测率：包括全部水功能区；地下水水质监测井密度：每 100 平方米地下水水质监测井个数	6
	入河排污口监督管理实施率	按规定开展了设置审批、台账建立、定期监测与核查的排污口占总数比例	5
	涉河建设项目审查审批情况	按规定开展规划审查、督促检查、规费征缴的涉河建设项目占总数比例	5
	水资源管理与水生态文明建设占党政绩效考核的比例	评价区党政实绩考核中水资源管理，以及与水生态文明建设直接相关的工作占总分比例	8
	规划编制情况	有全面规划定值为 1，无规划定值为 0，有规划但不全面定值为 0.5	3
	水管理一体化情况	全面统一管理定值为 1，分部门管理定值为 0	4
	法律法规政策文件建设情况	法规标准健全定值为 1，缺少法规标准定值为 0	2
	资源节约与生态环保投入比重	资源节约与生态环保投入/年度总投资	2
	试点工作情况	有试点定值为 1，无试点定值为 0	1
	水生态补偿实施率	有生态补偿方案的定值为 1，无生态补偿方案的定值为 0	1
水环境	水功能区水质达标率	包括评价区所有开展监测评价的水功能区	13
	饮用水水源地水质达标率	主要水质指标每月达标河长比例或达标控制断面比例	12
	重点断面水质达标率		2
	跨界水体水质达标率		3
	入河污染物总量	断面年污染物通量=∑月均污染物通量=∑月均污染物浓度×月均流量	3
	重点断面污染物总量		1

分类	具体指标	计算方法	出现频次
水环境	城镇污水处理率	城镇居民生活和工业污水处理量与排放总量的比值	12
	中水回用率	年污水回用量与年污水处理量的比值	6
	COD 排放强度	评价区万元 GDP 的 COD 排放量与当年全国平均水平的比值，排放强度绝对值计算参照节能减排统计办法	4
	单位面积化肥使用强度	化肥施用量要求按折纯量计算	2
	工业废水达标排放率	工业废水达标排放率 / 工业废水排放总量	3
	农村生活垃圾无害化处理率	生活垃圾无害化处理量 / 生活垃圾总量	3
	人均综合用水量	评价取用水资源总量 / 地区总人口	4
	非常规水源比例	海水、苦咸水、雨水、再生水等其他水源利用量折算成的替代水资源量 / 水资源取用量 ×100%	1
	水资源开发利用率	流域或区域用水量占水资源总量的比率	4
	城市供水管网漏损率	（自来水厂出厂水量－收费水量）/ 水厂水量 ×100%	6
	农田灌溉水利用系数	田间实际净灌溉用水总量与毛灌溉用水总量的比值	12
	万元工业增加值用水量下降率	评价区的万元工业增加值用水指标值与当年全国平均水平的比值	13
	工业用水重复利用率	工业用水重复利用量 / 工业总用水量 ×100%	7
	节水器具普及率	第三产业和居民生活用水使用节水器具数 / 总用水器具数 ×100%	8
	地下水超采面积比例	按照《地下水超采区评价导则》（GB/T 34968—2017）核定	3
	单方水 GDP 产出	GDP 产出 / 用水总量	3

分类	具体指标	计算方法	出现频次
水文化	水文化宣传载体个数	个数	11
	公众节水、护水意识	抽样调查，具备水资源节约保护意识的公众所占比例	4
	工业节水减排方案实施率	规模以上工业企业制定内部节水减排方案并加以贯彻实施的个数比例	3
	相关人员培训率	政府责任部门工作人员参加水生态文明培训的人数占责任部门人数综述的比例，根据相关培训证明材料进行统计	4
	水文化遗产、载体	个数	3
	公众认知度	—	3
水景观	各级保护区、景区情况	个数	8
	水景观建设率	进行过水景观建设的河段长度与区域河流总长度的比值	5
	水系两岸绿化率	区域水景观防护林总面积与河流总长度2倍的比值	1
	人均公共绿地面积	与国家平均水平对比	6
	公众满意度	抽样调查统计	8
	景观障碍点密度	区域景观障碍点个数与所有河流长度的比值	1
水安全	防洪达标率	参照《防洪标准》（GB 50201—2014），分别计算城镇与乡村防护区的防洪标准达标率，加权平均得到该项指标评价值	6
	除涝达标率	以评价区中心城区为评价对象，综合考虑蓄、滞、渗、净、用、排等多种措施组合，参照《室外排水设计规范》（GB 50014—2021）《城市排水（雨水）防涝综合规划编制大纲》进行评价	4
	水利设施完好率	—	1

分类	具体指标	计算方法	出现频次
水安全	城镇供水保障率	在多年供水年份中供水量能够得到基本满足的年数占总供水年数的比率	4
	农村供水管网覆盖率	管网覆盖的人口数量占总人口的比率	3
	城市公共供水末梢水质达标率	末梢水质达标程度	2
	水源保护程度	有水源保护措施的水厂数量占总水厂数量的比率	2
	应急抗灾措施情况	有应急保障措施的水厂数占水厂总数的百分比	1

6.3.2　确定指标权重

在一定程度上，指标的权重反映其对水生态文明建设的重要程度，同时也可以通过权重的大小体现当前研究现状下水生态文明建设中各类别指标建设的优先重要性。不一样的权重配比将造成不一样的评价结果，因此科学、合理的配比各指标的权重是评价体系中关键的一步。

本书在对我国生态文明现状研究的基础上，为了体现水生态文明建设评价的实践意义，提高对评价对象的针对性，削减评价指标对数据的依赖性，结合专家意见，同时基于对文献高频关键词的整理分析，运用层次分析法和专家咨询法相联系的方法来明确在整个乡村水生态文明建设评价中各个指标的权重。

6.3.2.1　指标权重确定方法

（1）层次分析法

第一，建立层次结构模型。对影响水生态文明建设状况的作用因素进行分析，建立层次结构模型。

第二，构造判断矩阵。自上而下，针对某一层的某个元素，对下层次所有指标按照上一层的准则两两对比，反复确定两个指标哪个更重要，综合给出判断矩阵$A=(a_{ij})_{n \times n}$，判断矩阵的构造采用1—9标度法，具体规则见表6-2所示。

表6-2　1—9标度法

标度	含义
1	两个指标相比，具有相同重要性
3	一个比另外一个稍微重要
5	一个比另外一个明显重要
7	一个比另外一个重要得多
9	一个比另外一个极为重要
2，4，6，8	上述相邻判断的中间值
倒数	指标 RI 和 j 比较判断为 a_{ij}，则指标 j 与指标 i 之间比较为 $a_{ji}=1/a_{ij}$

第三，计算权向量及特征值。根据判断矩阵$A=(a_{ij})_{n \times n}$，确定权向量$W=(w_1,\ w_1,\ \cdots,\ w_n)^T$，最大特征值为$\lambda_{\max}$，其计算公式如下：

$$W_i=\frac{1}{n}\sum_{j=1}^{n}\frac{a_{ij}}{\sum\limits_{k=1}^{n}a_{kj}},\ i=1,\ 2,\ \cdots,\ n \qquad (6\text{-}1)$$

$$\lambda_{\max}=\frac{1}{n}\sum_{i=1}^{n}\frac{\sum\limits_{j=1}^{n}a_{ij}w_j}{w_i} \qquad (6\text{-}2)$$

在此，采用MATLAB软件进行计算。

第四，一致性检验。相关计算公式如下：

$$CI=\frac{\lambda_{\max}-n}{n-1}\ (n-1) \qquad (6\text{-}3)$$

$$CR=\frac{CI}{RI} \qquad (6\text{-}4)$$

式中，RI——判断矩阵的随机一致性指标，

　　　　CR——判断矩阵的一致性比率。

RI可通过多次重复随机判断矩阵特征值计算平均值得到，表6-3给出了重复1 000次得到的随机一致性指标RI。

表6-3 平均随机一致性指标*RI*

阶数	1	2	3	4	5	6	7	8	9
RI	0.00	0.00	0.58	0.90	1.12	1.24	1.32	1.41	1.45

二阶以下的判断矩阵本身具有一致性。而二阶以上的判断矩阵，当一致性比率$CR \geqslant 0.1$时，说明判断矩阵未能具有比较满意的一致性，需要对判断矩阵进行修正，调整其元素取值，直到满足$CR < 0.1$，获得满意一致性为止。以λ_{max}所对应的归一化后的特征向量作为归一化后的权向量，即得所求的主观权重$W = (w_1, w_2, \cdots, w_n)^T$。

（2）专家咨询法

专家咨询法主要是指请相关专家对本书建立的水生态文明评价体系的各个指标进行权重衡量，在进行评价过程中，避免沟通交流，重点基于专家学者们的主观判断。为避免主观性过大，同时基于对文献计量高频关键词的分析和整理，笔者对表6-1中的评价指标进行了初步筛选与合并，保留了4个水生态评价指标、4个水管理评价指标、3个水环境评价指标、3个水文化评价指标、3个水景观评价指标、3个水安全评价指标共20个评价指标。然后，笔者选取8名行业专家对这20个评价指标的重要性进行了赋值打分。

6.3.2.2 指标权重计算

基于行业专家对各评价指标的了解，对各层次评价元素进行两两对比，分析讨论并构造最恰当的水生态文明建设评价指标判断矩阵。

（1）一级评价指标体系权重

根据行业专家给出的意见，一级评价指标互相比较结果见表6-4。

表6-4 一级评价指标互相比较结果

指标	水生态	水管理	水环境	水文化	水景观	水安全
水生态	1	2	1	3	3	2
水管理	1/2	1	1/2	2	2	1

指标	水生态	水管理	水环境	水文化	水景观	水安全
水环境	1	2	1	2	2	1
水文化	1/3	1/2	1/2	1	1	1/2
水景观	1/3	1/3	1/2	1	1	1/2
水安全	1/2	1	1	2	3	1

利用层次分析法计算可以得到一级评价指标的权重为：

$W=$（0.246，0.148，0.00，0.088，0.174，0.056），$\lambda_{max}=7.1888$

一致性指标$CI=0.0315$，$CR=0.0238<0.1$

（2）二级评价指标体系权重

根据行业专家给出的意见，水生态评价指标互相比较结果见表6-5。

表6-5　水生态评价指标互相比较结果

水生态	水域面积率	生态需水满足程度	水土流失治理率	河湖水系连通率
水域面积率	1	1/2	1/2	1/3
生态需水满足程度	2	1	1/2	1/2
水土流失治理率	2	2	1	1
河湖水系连通率	3	2	1	1

利用层次分析法计算可以得到水生态评价指标的权重为：

$W=$（0.13，0.19，0.32，0.36），$\lambda_{max}=4.0459$

一致性指标$CI=0.0153$，$CR=0.017<0.1$

根据行业专家给出的意见，水管理评价指标互相比较结果见表6-6。

表6-6　水管理评价指标互相比较结果

水管理	水利设施完好率	节水灌溉率	水生态文明建设重视度	河湖长制落实情况
水利设施完好率	1	1/3	1/2	1/2

水管理	水利设施完好率	节水灌溉率	水生态文明建设重视度	河湖长制落实情况
节水灌溉率	3	1	2	2
水生态文明建设重视度	2	1/2	1	1/2
河湖长制落实情况	2	1/2	2	1

利用层次分析法计算可以得到水管理评价指标的权重为：

$W=$（0.12，0.42，0.19，0.27），$\lambda_{max}=4.0712$

一致性指标$CI=0.0237$，$CR=0.0264<0.1$

根据行业专家给出的意见，水环境评价指标互相比较结果见表6-7。

表6-7 水环境评价指标互相比较结果

水环境	污水处理率	农田面源污染控制情况	禽畜养殖污染治理情况
污水处理率	1	2	1
农田面源污染控制情况	1/2	1	1/2
禽畜养殖污染治理情况	1	2	1

利用层次分析法计算可以得到水环境评价指标的权重为：

$W=$（0.40，0.20，0.40），$\lambda_{max}=3$

一致性指标$CI=0$，$CR=0<0.1$

根据行业专家给出的意见，水文化评价指标互相比较结果见表6-8。

表6-8 水文化评价指标互相比较结果

水文化	水生态文明宣传教育覆盖率	节水意识和行为的体现程度	水文化的挖掘与结合
水生态文明宣传教育覆盖率	1	1/3	2
节水意识和行为的体现程度	3	1	3
水文化的挖掘与结合	1/2	1/3	1

利用层次分析法计算可以得到水文化评价指标的权重为：

$W=$（0.25，0.59，0.16），$\lambda_{max}=3.0539$

一致性指标$CI=0.0270$，$CR=0.0465<0.1$

根据行业专家给出的意见，水景观评价指标互相比较结果见表6-9。

表6-9　水景观评价指标互相比较结果

水景观	生态护岸比例	亲水景观建设情况	水域与周边环境观赏性
生态护岸比例	1	2	1/2
亲水景观建设情况	1/2	1	1/3
水域与周边环境观赏性	2	3	1

利用层次分析法计算可以得到水景观评价指标的权重为：

$W=$（0.30，0.16，0.54），$\lambda_{max}=3.0092$

一致性指标$CI=0.0046$，$CR=0.0079<0.1$

根据行业专家给出的意见，水安全评价指标互相比较结果见表6-10。

表6-10　水安全评价指标互相比较结果

水安全	防洪除涝能力	饮用水水源地水质达标率	生活用水保障率
防洪除涝能力	1	1	1
饮用水水源地水质达标率	1	1	1
生活用水保障率	1	1	1

利用层次分析法计算可以得到水安全评价指标的权重为：

$W=$（0.33，0.33，0.33），$\lambda_{max}=3$

一致性指标$CI=0$，$CR=0<0.1$

（3）各级评价指标相对于总评价目标的组合权重

根据上述计算和各判断矩阵一致性检验的结果，得到20个评价指标对总评价目标的最终组合权重，结果见表6-11。

表6-11　总评价目标下各评价指标的合成权重

目标层	准则层	一级权重	指标层	最终权重
水生态文明建设评价	水生态	0.246	水域面积	0.031
			生态需水满足程度	0.048
			水土流失治理率	0.080
			河湖水系连通率	0.088
	水管理	0.148	水利设施完好率	0.018
			节水灌溉率	0.062
			水生态文明建设重视度	0.028
			河湖长制落实情况	0.040
	水环境	0.200	污水处理率	0.080
			农田面源污染控制情况	0.040
			禽畜养殖污染治理情况	0.080
	水文化	0.088	水生态文明宣传教育覆盖率	0.022
			节水意识和行为的体现程度	0.052
			水文化的挖掘与结合	0.014
			生态护岸比例	0.026
	水景观	0.088	亲水景观建设情况	0.014
			水域与周边环境观赏性	0.048
	水安全	0.174	防洪除涝能力	0.058
			饮用水水源地水质达标率	0.058
			生活用水保障率	0.058

参考文献

[1]潘增辉. 水生态文明建设研究与实践[M]. 石家庄：河北科学技术出版社，2013.

[2]马巍，李翀，班静雅，等. 山区小流域水生态文明建设评价与关键技术研究[M]. 北京：中国水利水电出版社，2019.

[3]水利部南水北调规划设计管理局. 跨流域调水与区域水生态文明建设[M]. 北京：中国水利水电出版社，2016.

[4]汪义杰，蔡尚途，李丽，等. 流域水生态文明建设理论、方法及实践[M]. 北京：中国环境出版集团，2018.

[5]王浩，黄勇，谢新民，等. 水生态文明建设规划理论与实践[M]. 北京：中国环境科学出版社，2016.

[6]张焱. 水与生态文明建设[M]. 武汉：长江出版社，2013.

[7]刘芳. 系统治理：水生态文明城市建设的创新路径[M]. 济南：山东人民出版社，2017.

[8]水利部水资源司，水利部新闻宣传中心，中国水利水电出版社. 美丽中国 生态河湖——水生态文明建设试点成果撷英[M]. 北京：中国水利水电出版社，2016.

[9]赵钟楠，李原园，黄火键. 水生态文明建设战略——理论、框架与实践[M]. 北京：中国水利水电出版社，2020.

[10]董延军. 城市水生态文明建设模式探索与实践[M]. 北京：中国环境出版集团，2018.

[11]昝玉梅，任润泽. 关于水生态文明建设的认识和思考[J]. 工程技术与管理（新加坡），2019（10）：241-243.

[12]王浩. 水生态文明建设的理论基础及若干关键问题[J]. 中国水利，2016

（19）：5-7.

[13]夏军，陈进，王纲胜，等．从2020年长江上游洪水看流域防洪对策[J]．地球科学进展，2021，36（1）：8.

[14]王新，李晓南．节水型社会建设的公众参与途径[J]．党政干部学刊，2010（1）：208-211.

[15]岳建华．鲁西平原区中小河流水系生态整治措施与探讨[J]．城市建设理论研究：电子版，2021（20）：2.

[16]蒋宏彦．城市水景观的建设与提升改造对于生态环境的影响[J]．中国战略新兴产业，2021（20）：30-31.

[17]刘敬，吕淑英，李俊清．德州市水资源监控系统建设实践[J]．山东水利，2021（9）：2.

[18]郭宏伟，傅长锋．永定河泛区廊坊段生态廊道建设关键技术[J]．中国水利，2019（22）：4.

[19]赵洪涛．水库中型灌区节水配套改造工程实例探究[J]．中国设备工程，2021（17）：3.

[20]熊溢威，陈毅敏，李峻毅．制造业城市工业节水问题与对策研究[J]．水资源开发与管理，2020（11）：7.

[21]李宗礼，刘昌明，郝秀平，等．河湖水系连通理论基础与优先领域[J]．地理学报，2021（3）：12.

[22]于欣鑫，戴梦圆，沈晓梅．长江经济带水生态文明建设时空特征与优化路径[J]．人民长江，2021（10）：6.

[23]邝惠明．推进水生态文明建设的对策与思考[J]．装饰装修天地，2016（4）：423.

[24]刘文君，辛合金．汶上县水生态文明建设的做法与体会[J]．山东水利，2021（3）：42-43.

[25]赵婷婷，荆惠霖，陆夏轶，等．南四湖流域水生态文明建设评价指标体系构建[J]．人民黄河，2021（3）：107-111.

[26]朱振亚，潘婷婷，杨梦斐，等．水生态文明建设背景下长江经济带水足迹变化研究[J]．长江科学院院报，2021（6）：160-166.

[27]田鸣，张阳，汪群，等．河（湖）长制推进水生态文明建设的战略路径研究[J]．中国环境管理，2019（6）：32-37.

[28]邵志平，徐圣君，秦玉，等．基于水资源可持续发展与水生态文明建设的义乌"五水共治"新模式[J]．环境工程学报，2021（4）：8.

[29]侯立安．创新非常规水资源开发技术，提高水生态文明建设水平[J]．科技导报，2020（10）：2.

[30]金菊良，汤睿，周戎星，等．基于联系数的城市水生态文明建设评价方法[J]．水资源保护，2021（4）：7.

[31]李丽丽，陈雯雯，李东风．长三角城市群水生态文明建设水平及其时空分异[J]．环境污染与防治，2022（4）：6.

[32]张国兴，王涵．基于PSR模型的黄河流域中心城市水生态文明建设评价[J]．生态经济，2022（2）：7.

[33]孟伟，范俊韬，张远．流域水生态系统健康与生态文明建设[J]．环境科学研究，2015（10）：1495-1500.

[34]吴兴，季程．浅谈黄河水资源管理保护与水生态文明建设[J]．城镇建设，2021（3）：181.

[35]马琴．全面推行河湖长制，实现水生态文明建设[J]．水电水利，2021（7）：71-72.

[36]万炳彤，鲍学英，赵建昌，等．区域水生态文明建设绩效评价及障碍诊断模型的建立与应用[J]．环境科学，2021（4）：2089-2100.

[37]蔺卿．新疆水生态文明建设的水资源保护利用策略研究[J]．干旱区地理，2021（5）：1483-1488.

[38]李千珣，郭生练，邓乐乐，等．湖北省行政区水生态文明建设评价[J]．水资源研究，2020（2）：10.

后 记

　　水是生命之源、生产之要、生态之基，水生态文明是生态文明的重要组成和基础保障。水资源作为生态与环境的控制性要素，决定了水生态文明建设在生态文明建设中的核心地位。自改革开放以来，我国水资源的开发利用强度快速增大，为社会经济发展、人民安居乐业提供了强力支撑。然而，由于粗放式的经济发展方式尚未得到根本改变，加之受全球气候变化和工业化、城镇化快速推进影响，水资源短缺、水污染严重、水生态环境问题日益凸显。在此背景下，加快推进水生态文明建设，从源头上扭转水生态环境恶化趋势，是促进人水和谐、推动生态文明建设的重要实践，是实现"四化同步发展"、建设美丽中国的重要基础和支撑。

　　笔者基于上述认知和体悟，完成了本书的撰写工作。笔者在撰写本书的过程中，通过大量的材料收集与理论辅佐，构建了整体的框架，并在保证本书内容生动且丰富的基础上，展开了层层论述，尽力做到了条理清晰、理论与事实材料列举充分。本书兼具科学性和创新性，力求实现较高的理论价值和实践意义，坚持"系统治理"的治水思想，探索推进水生态文明建设的措施。希望本书能够为我国的水生态文明建设贡献一分力量。

　　最后，笔者要向笔者的家人和同事表示感谢。如果没有他们的帮助，本书的撰写工作将难以完成。

严淑华

2022年8月